요리하는다이어터의
맛있게 살빼는
다이어트 레시피

이은경 지음

메가스터디BOOKS

안녕하세요 여러분!
요리하는다이어터, 요다입니다.

작년에 낸《운동 없이 8kg 감량 저탄수화물 다이어트 레시피》를 많이 사랑해주신 덕분에 감사하게도 이번에 두 번째 책을 출간하게 되었어요.

지난 레시피북을 만들 때는 가스레인지를 사용하는 않는 게 콘셉트이기도 했고, 또 새로운 요리를 많이 보여드리고 싶은 마음에 유튜브에 올리지 않았던 레시피를 개발해서 많이 넣었어요. 그랬더니 오히려 유튜브에 나온 레시피가 책에 별로 없어서 아쉬워하시는 분들이 많더라고요. 영상으로 볼 수 있지만 그래도 책으로 볼 수 있으면 더 편하게 따라 할 수 있을 거 같다고요. 그래서 이번 책은 유튜브에서 조회수가 높았던 레시피로만 100가지를 골라 식사류, 식사 대용, 디저트 등으로 분류해서 정리해봤어요.

다이어트 하면서 가장 힘든 점을 설문 조사했더니 '식단'이 1위로 뽑혔다고 해요. 매일 샐러드랑 닭가슴살, 고구마만 먹는 것도 한계가 있고, 어떤 조리법을 써야 할지도 잘 모르겠다고요. 저도 60kg대에서 50kg대로 살을 뺄 때 같은 고민을 했어요. 아무리 다이어트 식단이라고는 하지만 맛이 너무 없으면 절대 오래 지속할 수 없을 거 같기도 했고요. 또 구하기 힘든 식재료나 어려운 조리법은 시도할 엄두도 나지 않더라고요. 그러다 보니 동네 마트에서 바로 살 수 있는 흔한 재료로, 복잡한 조리법이나 조리도구 사용 없이, 또 5~10분만에 빠르게 할 수 있는 요리 위주로 만들게 되었어요. 바로 그 레시피들이 모여 지금의 유튜브 채널 '요리하는다이어터'가 만들어졌고요.

제 레시피들은 아주 쉽고 간단해요. 재료도 흔한 것들이고요. 댓글에 구독자분이 '이런 영상 보면서 모든 재료가 집에 있는 건 처음'이라고 써주셨더라고요. 하

지만 맛도 놓치지 않으려고 노력했습니다. 제가 일단 맛없는 거 먹는 걸 정말 싫어하거든요.^^ 친구도 따라 해보더니 이 레시피대로 해도 된다면 다이어트 평생이라도 할 수 있겠다고 해줬어요. 제 레시피를 처음 보시는 분들도 아마 이렇게만 따라 해보신다면 분명 살 빼실 수 있을 거예요. 우선 제가 증인이거든요.

이번에 책 준비하면서 사진 촬영을 위해 유튜브에 업로드 했던 요리들을 하나하나 다 새로 만들어 먹어봤는데 새삼 뭉클했어요. 일단 역시나 맛있어서 다행이었고^^… 레시피 만드느라 매일 요리 생각하고 만들고 실패하고 성공하고를 반복하면서 재미도 있었지만 힘들기도 했던 일들이 떠올라서요. 그런 시간을 거쳐 이렇게 쌓인 레시피들을 보니 하나하나 내 자식같이 너무 소중하고 그랬어요. 이렇게 저에게 너무 소중한 레시피들을 여러분들과 공유할 수 있고, 이렇게 책으로도 전해드릴 수 있어 너무 뿌듯하고 행복합니다.

이번에 원고 준비하면서 하루 두 끼를 다 요다 레시피로 해 먹었더니(전 유지어터라 다이어트식 1회, 일반식 1회, 이렇게 1일 두 끼 먹고 있었거든요.) 다이어트 계획이 없었는데 두 달 만에 몸무게가 3kg이나 줄었어요. 일주일에 한 번은 밖에서 외식하면서 일반식으로 먹었는데도 평소 식단을 건강하게 먹으니까 살이 빠지더라구요. 다시 한 번 평소 식단의 중요성을 확인했답니다.

음식 만들기 귀찮아서 배달 음식 주문해서 다이어트 실패하는 일 없도록 정말 간단하게 만들 수 있는 요리들로만 모아뒀으니까요, 꼭 따라 해보시고 여러분들도 다이어트 반드시 성공하셨으면 좋겠어요. 건강도 덤으로 좋아지길 바라고요. 이 책이 여러분의 건강한 다이어트에 조금이라도 보탬이 된다면 진짜 기쁠 것 같아요. 저도 꾸준히 식단 지키면서 행복한 유지어터가 되도록 하겠습니다. 우리 모두 화이팅입니다!

이은경

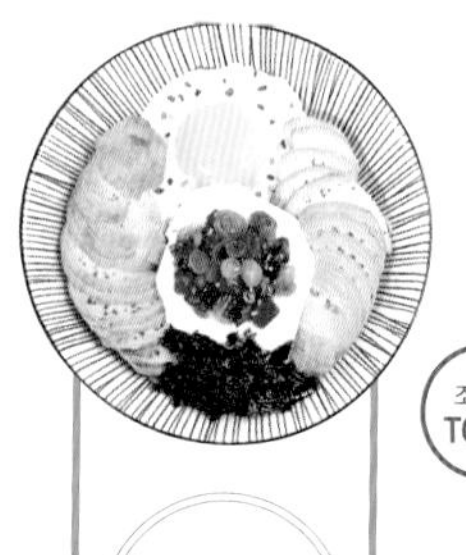

1장

든든한 한 끼, 밥류

2장

포만감
확실한,
밥 없는 식사류

3장

색다르게 먹는, 일품요리

4장

간단하게 즐기는, 피자 & 샌드위치

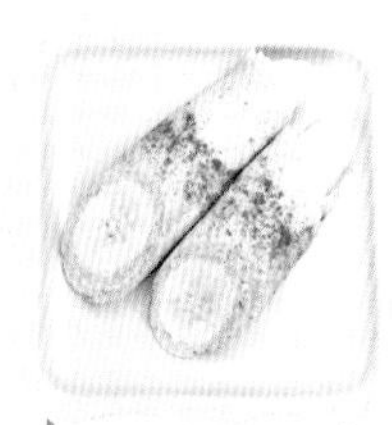

5장

달콤한 게 당길 때,

디저트

'요리하는다이어터' 레시피
계량법

1. 일반 밥숟가락과 종이컵, 이 두 가지만 써서 재료를 계량했습니다.
2. 채소는 주재료로 들어갈 때는 1개, 1/2개, 이런 식으로 표기하고 양념처럼 조금 들어가는 경우는 'g'으로 표기했어요. 저울이 없어 감 잡기가 어렵다면 과정 컷에 들어간 채소 크기를 보면 분량을 짐작하실 수 있을 거예요.
3. 채소는 중간 크기 기준으로 개수 표기를 했습니다. 하지만 큰 사이즈를 써서 채소가 좀 더 들어간다거나, 작은 사이즈를 써서 약간 적은 양이 들어가거나 해도 아무 문제가 되지 않는답니다. 그 정도 분량 차이 때문에 살이 더 찌거나 빠지거나 하진 않으니까요. 또 저도 좋아하는 채소는 레시피 분량과 상관없이 양껏 넣어 만들기도 해요.
4. 제 다이어트 요리에서는 다양한 양념을 사용하는 게 아니라 간단한 소금이나 스리라차소스 정도로만 간을 맞추기 때문에 재료 양에 따라 먹어보고 적당하게 간을 맞추면 됩니다.

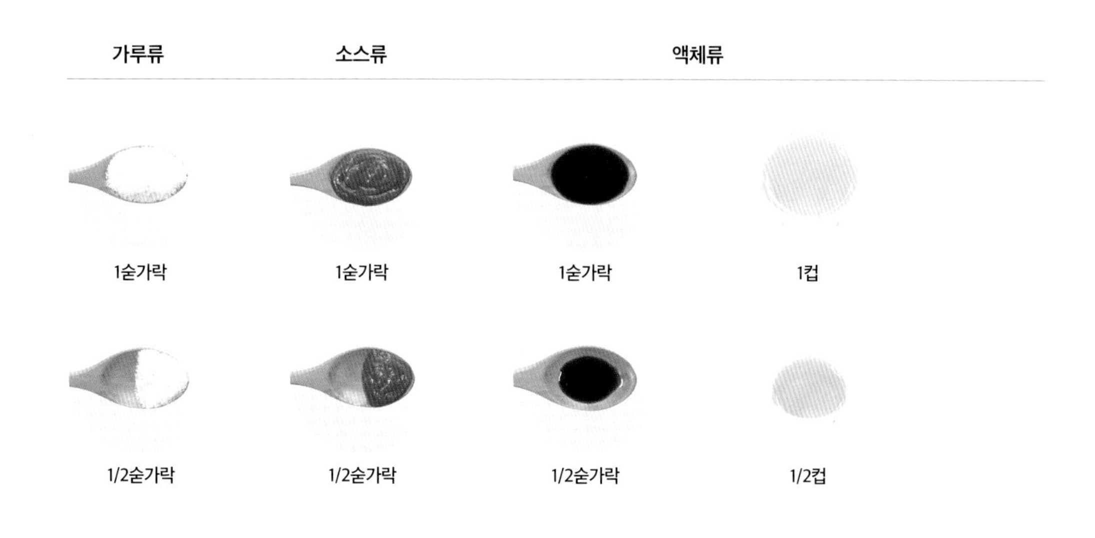

사용한 시판제품 분량 기준

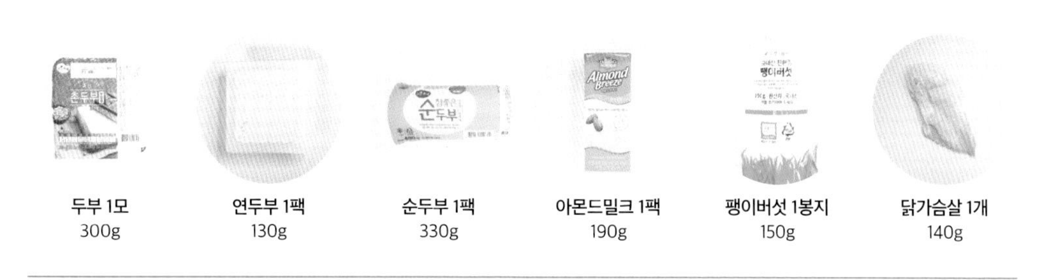

두부 1모	연두부 1팩	순두부 1팩	아몬드밀크 1팩	팽이버섯 1봉지	닭가슴살 1개
300g	130g	330g	190g	150g	140g

'요리하는다이어터'가 애정하는
다이어트 식재료

오트밀

전 일반 쌀밥 대신에 오트밀밥을 만들어서 먹습니다. 이때 사용하는 오트밀은 잘게 부순 형태의 '퀵오트밀'이 아니라 형태가 살아 있는 채로 납작하게 누른 '압착귀리' 형태입니다. 압착귀리가 퀵오트밀보다 식감도 더 살아 있고 식이섬유도 더 풍부하거든요.

닭가슴살

닭고기 부위 중 가장 낮은 지방과 가장 높은 단백질 함량을 자랑하는, 다이어터들의 영원한 잇아이템이죠. 다양한 요리에 넣었을 때 무난하게 잘 어울리는 것 또한 큰 장점입니다. 전 보관의 편리성 때문에 냉동 닭가슴살을 주로 사용합니다. 소시지 형태로 가공된 것도 쓰기 편리해요.

곤약

산에서 자라는 식물인 구약나물의 줄기를 가공해서 만드는 곤약은 포만감을 주면서도 칼로리는 거의 없어 다이어트에 유용한 식재료입니다. 사각 형태도 있고 면처럼 생긴 실곤약도 있는데 전 국수 종류가 먹고 싶을 때 탄수화물 부담 없이 즐기기 위해 실곤약을 자주 사용해요.

아몬드가루

다이어트 중 빵이 먹고 싶을 때 밀가루 대신 사용하는 재료예요. 인슐린 자극이 적고 탄수화물 함량이 낮아서 키토 식단에 자주 활용합니다. 밀가루 같은 찰기는 없지만 쿠키나 카스텔라 식감의 빵을 만들 때는 유용하게 쓸 수 있어요.

아몬드밀크(무설탕)

우유 대신 주로 사용하는 식재료예요. 밀크라는 이름이 붙어 있지만 우유는 아니고 아몬드와 물을 섞어 갈아 만든 제품이에요. 요즘은 다양한 맛으로 가공된 아몬드밀크가 나오고 있는데 전 무설탕(언스위트) 제품만 사용하고 있습니다. 칼로리도 낮고 포만감도 있어서 좋아요.

미주라토스트

다이어트 간식 유명템이죠. 통밀 비스킷으로 식감이 바삭하고 맛이 담백해 어떤 요리에 곁들여도 무난하게 잘 어울려서 좋아요. 식빵보다 보관이 편리하고 당류가 낮아 식빵 대신 자주 사용하는 식재료입니다. 리뉴얼 후로 식이섬유 함량이 낮아졌다는 점 참고해주세요.

천사채

횟집에서 장식용으로 주로 쓰고 있지만 실은 다시마와 우뭇가사리를 가공하여 만든 식품입니다. 오독오독한 식감이 특히 좋아요. 열량을 비롯해 영양 성분이 거의 없는 재료이지만 칼슘, 요오드 등의 무기질은 약간 들어 있고 장 운동을 촉진시켜 변비 개선 효과도 있어요. 따로 익힐 필요 없이 물에 깨끗이 씻기만 해서 사용하면 된답니다.

스리라차소스

매운 고추에 식초, 소금 등을 넣어 만든 스리라차소스는 제 최애 양념이에요. 설탕 함량이 높은 고추장이나 케첩이 들어가는 음식을 만들 때 대용으로 사용하면 매콤한 맛을 내줘서 느끼하지 않게 다이어트 요리를 즐길 수 있어요. 0kcal 재료로 흔히 알려져 있지만 엄밀히 말하면 1g에 1kcal 정도는 된다고 해요. 하지만 다른 소스류에 비해 매우 낮은 건 확실해요.

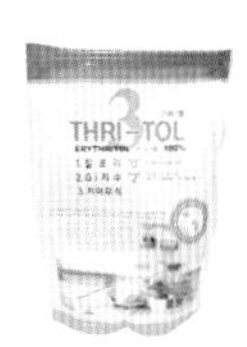

에리스리톨

스리라차소스만큼 제가 자주 쓰는 재료 중 하나죠. 과일 포도당을 천연 발효시켜 가루 형태로 만든 설탕 대용 제품으로, 몸에 흡수되지 않고 소변으로 바로 배출되어 혈당을 올리지 않습니다. 참고로 비슷한 종류인 스테비아는 쓴 맛이 나서 전 잘 사용하지 않아요.

알룰로스

포도, 무화과 등에서 당을 추출해 액체 형태로 가공한 감미료로 에리스리톨과 비슷하게 몸에 흡수되지 않고 소변으로 배출되어 다이어트와 혈당 조절에 도움이 됩니다. 물엿을 넣어야 하는 경우에 대체 재료로 주로 사용합니다.

'요리하는다이어터'식
오트밀밥 만들기

오트밀밥 만드는 법은 세상 간단합니다. 그릇에 오트밀과 물만 넣고 섞은 뒤 전자레인지에 3분간 돌리면 완성이에요. 뚜껑도 덮을 필요 없습니다. 이때 오트밀과 물의 비율은 2:3 정도면 적당합니다. 예를 들어 오트밀을 6숟가락 넣으면 물은 9숟가락 정도 넣으면 되는 거죠. 만드는 음식 성격에 따라 물의 양을 조절해 조금 더 되게 만들거나 좀 더 질게 만들 수도 있어요.

● **1인분 분량**

1 전자레인지용 그릇에 오트밀(압착귀리) 6숟가락을 넣습니다.

2 **1**에 물 9숟가락을 넣고 섞은 뒤 전자레인지에 넣고 3분간 돌려주세요.

TIP 전자레인지에 넣고 돌릴 때 뚜껑은 덮지 않아도 됩니다.

3 **2**의 오트밀밥을 꺼낸 후 저어주면 완성입니다. 금세 굳어지므로 반드시 꺼내자마자 바로 저어주세요.

'요리하는다이어터' 레시피
자주 묻는 질문들

Q. 요다님은 하루에 몇 끼를 먹는지 궁금해요.

A. 한 끼는 다이어트식(책에 나온 레시피 활용), 한 끼는 일반식, 총 2끼를 먹습니다. 그리고 가급적 14~18시간 공복을 유지하려고 노력하고 있어요.

Q. 요다님 레시피에는 칼로리 이야기가 없는데 칼로리 계산은 안 하시나요?

A. 전 칼로리 다이어트를 하지 않고 있습니다. 저염식도 하지 않고요. 평생 지속가능한 다이어트를 하고 싶은데 칼로리를 번번히 계산하고, 또 간이 거의 안 된 음식을 먹는 건 제겐 너무 어렵게 느껴졌거든요.

Q. 유튜브에 나오는 요리 양이 너무 적어 보여요. 한 끼 분량으로 부족하지 않나요?

A. 다이어트를 할 때 가장 중요한 부분이 양을 줄이는 건데, 그렇다고 너무 배고프게 먹으면 장기적으로 봤을 때 식사에 만족감을 못 느껴 폭식으로 이어질 수 있으므로 본인에게 맞는 양을 찾는 게 다이어트 시작 전 해야 하는 첫 번째 일입니다. 저는 첫 끼로 다이어트식을 먹을 때 배가 부른 것 같으면 바로 식사를 중단해요. 다이어트식이라도 배가 부른데도 계속 먹게 되면 위가 늘어나서 두 번째 끼니로 일반식을 먹을 때도 많은 양을 먹게 되더라고요.
첫 끼 때는 14~18시간 단식으로 위가 작아져 있는 상태라 조금만 먹어도 금방 포만감이 와요. 그럴 때 더 먹지 말고 식사를 중단하면 두 번째 식사를 할 때도(일반식) 식탐만 부리지 않는다면 위가 작아져 있는 상태라 금방 포만감이 들 거예요. (첫끼를 적게 먹어 금방 배가 고파진다면 두 번째 식사 전 먹고 싶은 간식을 간단하게 조금 먹는 것도 식탐을 줄일 수 있는 방법입니다.) 이렇게 습관을 들이면 큰 스트레스 없이 건강하게 소식하면서 다이어트 할 수 있답니다.

Q. 오트밀밥 대신 집에 있는 잡곡밥 이용해도 되나요?

A. 네, 오트밀밥 대신 잡곡밥이나 현미밥 이용하셔도 됩니다. 잡곡밥이나 현미밥은 식이섬유가 풍부해 오트밀만큼이나 다이어트에 도움이 됩니다.

Q. 오트밀밥 한꺼번에 많이 만들어서 냉장 보관해서 먹어도 되나요?

A. 냉장 보관해서 먹어도 되지만 전자레인지에 3분만 돌리면 금방 만들 수 있으니 먹을 때 바로 만드는 걸 추천합니다. 그래야 훨씬 맛있어요.

Q. 베이킹파우더 대신 베이킹소다를 사용해도 되나요?

A. 베이킹파우더는 위로 부풀게 해주는 팽창제이고 베이킹소다는 옆으로 부풀게 해주는 팽창제라 할 수 있어요. 그런데 베이킹소다는 조금만 많이 들어가도 쓴맛이 나기 때문에 베이킹파우더를 사용하는 걸 추천합니다.

Q. 매운 걸 잘 못 먹는데 스리라차소스 대신 사용할 소스가 있을까요?

A. 요리마다 조금씩 달라질 수 있는데 무설탕 케첩이나 저당 고추장으로 대체할 수 있습니다.

Q. 다이어트 요리인데 굴소스 같은 소스를 사용해도 괜찮을까요?

A. 건강한 재료를 맛있게 먹게 도와주는 약간의 소스는 오히려 성공적인 다이어트를 위해 필요하다고 생각해요. 대신 당이 너무 많은 허니머스터드, 고추장, 케첩 등은 사용하지 않습니다.

Q. 요다님이 사용하는 오트밀 알려주세요.

A. '대구농산 부드러운 오트밀' 사용하고 있어요. 이하 언급하는 제품들은 다 제돈제산입니다. ^^

Q. 요다님 요리마다 나오는 분홍색 소금 어디 제품인지 궁금해요.

A. '몬타스코 히말라야 고운 핑크소금' 쓰고 있어요.

Q. 다지기 어디 제품인지 궁금해요.

A. '키친구 스핀 야채 다지기'입니다.

Q. 가위는 어디 제품인가요?

A. '도루코 마이셰프 베이직 가위 103A'입니다.

Q. 에리스리톨 대신 그냥 설탕 사용해도 되나요?

A. 당질을 제한할 필요 없으면 가능합니다. 하지만 설탕 섭취는 되도록 줄이는 게 다이어트에 좋겠죠?

Q. 에리스리톨 대신 스테비아 사용해도 되나요?

A. 가능하지만 스테비아가 훨씬 많이 달기 때문에 소량씩 넣어가며 단 정도를 확인해야 합니다. 또 스테비아 특유의 쓴 맛이 있기 때문에 미리 맛을 보면서 조절하는 것도 필요해요.

Q. 1탄 책 구입하고 싶은데 검색창에서 어떻게 찾으면 되나요?

A. 네이버에 '운동 없이 8kg 감량 저탄수화물 다이어트 레시피' 치시면 됩니다.

두부게맛살볶음밥
팽이버섯간장비빔밥
오트밀마파두부밥
연두부아보카도비빔밥
오트밀양파달걀덮밥
오트밀애호박깻잎비빔밥
스리라차삶은달걀비빔밥
다시마비빔밥
오이게맛살비빔밥
두부명란볶음밥
실곤약김밥
파프리카닭가슴살비빔밥
팽이버섯덮밥
스리라차팽이버섯초밥
토마토가지덮밥
토마토새송이버섯카레
오트밀김치국밥
가지오트밀볶음밥
달걀양파카레

1장

든든한 한 끼, 밥류

조리도구

가스레인지

재료 1인분

두부 … 1/2모(150g)
대파 … 1/5개
달걀 … 1개
게맛살 … 1개
굴소스 … 1/2숟가락
참깨 … 조금
올리브오일 … 조금

오트밀밥 (전자레인지 3분)

오트밀 … 6숟가락
물 … 8숟가락

1 두부 1/2모를 기름 두르지 않은 프라이팬에 넣어 숟가락으로 으깬 후 센 불에서 두부의 수분이 날아갈 때까지 볶아주세요.

2 노릇노릇하게 익은 두부를 한쪽으로 밀어놓고 올리브오일을 조금 두른 후 송송 썬 대파를 넣어 노릇해질 때까지 볶아주세요.

3 잘 볶아진 대파도 옆으로 밀어놓고 달걀을 넣어 대파와 섞이지 않도록 스크램블에그를 만들어주세요. 여기에 오트밀밥과 굴소스를 넣어 잘 볶아주세요.

TIP 간을 보고 싱거우면 간장을 조금 추가해서 간을 맞춰주세요. 오트밀밥이 없으면 잡곡밥도 괜찮습니다.

4 **3**을 그릇에 옮겨 담은 다음 게맛살을 잘게 찢어 올리고 참깨를 뿌려서 완성해주세요.

++TIP

- 오트밀밥은 전자레인지용 그릇에 분량대로 오트밀과 물을 넣고 섞은 뒤 전자레인지에서 3분간 돌리면 완성입니다.
- 오트밀밥은 만들고 시간이 지나면 뭉쳐져서 다른 재료들과 섞기 힘들기 때문에 볶음밥에 넣기 직전에 만들어서 사용하는 게 좋습니다.

팽이버섯간장비빔밥

조리도구

가스레인지

재료 1인분

팽이버섯 … 150g
달걀 … 1개
올리브오일 … 조금

양념장

대파 … 10g
다진 마늘 … 1숟가락
청양고추 … 1개
간장 … 1숟가락
멸치액젓 … 1숟가락
물 … 1숟가락
고춧가루 … 1/2숟가락
참깨 … 1/2숟가락

오트밀밥 (전자레인지 3분)

오트밀 … 6숟가락
물 … 10숟가락

만드는 법
유튜브 보기

1 그릇에 송송 썬 대파와 나머지 양념장 재료를 모두 넣고 섞어서 양념장을 만들어주세요.

2 프라이팬에 올리브오일을 두르고 달걀프라이를 만들어주세요.

3 채소다지기에 팽이버섯의 2/3를 넣고 다집니다. 올리브오일을 두른 프라이팬에 다진 팽이버섯을 넣고 살짝 볶은 후 만들어둔 오트밀밥을 넣어 한 번 더 볶아주세요. 그런 다음 옆으로 밀어놓고 남은 팽이버섯 1/3을 찢어서 넣고 익혀주세요.

TIP 채소다지기가 없다면 칼이나 가위로 팽이버섯을 1cm 정도 길이로 자릅니다.

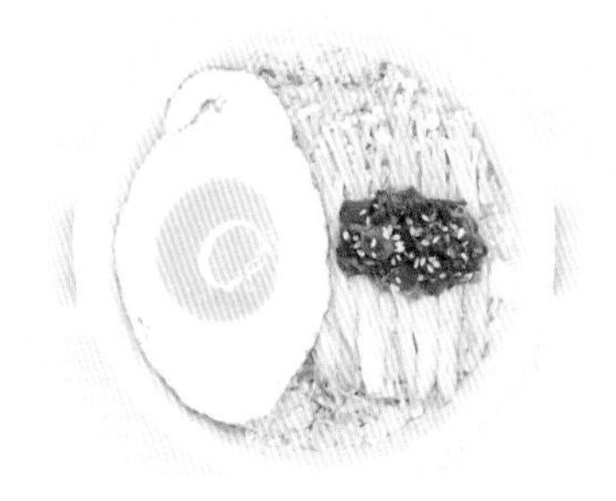

4 그릇에 **3**의 볶음밥을 담고 그 위에 따로 볶아둔 팽이버섯과 **2**의 달걀프라이를 올리고 양념장을 올려 완성해주세요.

TIP 양념장은 한꺼번에 다 넣지 말고 조금씩 섞어가면서 간을 맞춰주세요.

조리도구

가스레인지

재료 1인분

연두부 … 2팩
달걀 … 2개
대파 … 25g
쪽파 … 조금
물 … 1컵
크러시드 레드페퍼 … 조금
올리브오일 … 조금

양념장

된장 … 1/2숟가락
다진 마늘 … 1/2숟가락
고춧가루 … 1/2숟가락
스리라차소스 … 1/3숟가락
간장 … 1숟가락
알룰로스 … 1/2숟가락
생강가루 … 조금

오트밀밥 (전자레인지 3분)

오트밀 … 6숟가락
물 … 10숟가락

만드는 법 유튜브 보기

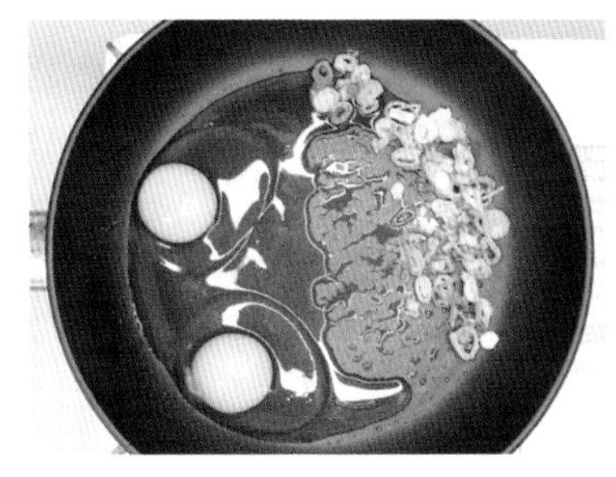

1 프라이팬에 올리브오일을 두르고 송송 썬 대파를 넣어 파기름을 내주고 옆으로 밀어놓은 뒤 달걀을 넣어 스크램블에그를 만들어주세요. 그런 다음 대파와 달걀을 섞어주세요.

TIP 대파 25g은 다졌을 때 3숟가락 정도입니다.

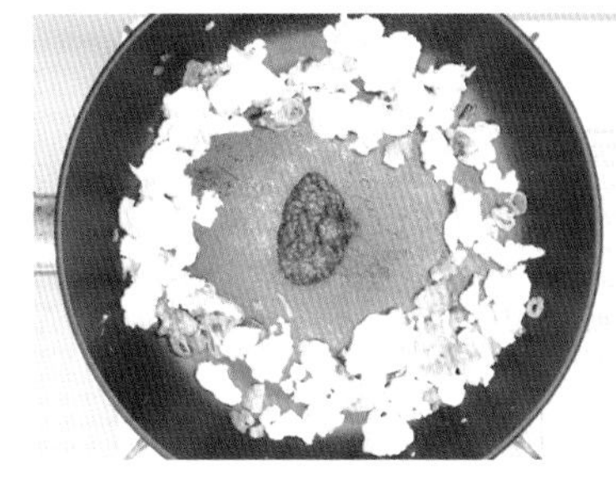

2 그릇에 양념장 재료를 모두 넣고 섞어주세요. **1**의 팬에 양념장을 모두 넣은 뒤 양념장이 눌어붙는 느낌으로 볶아줍니다.

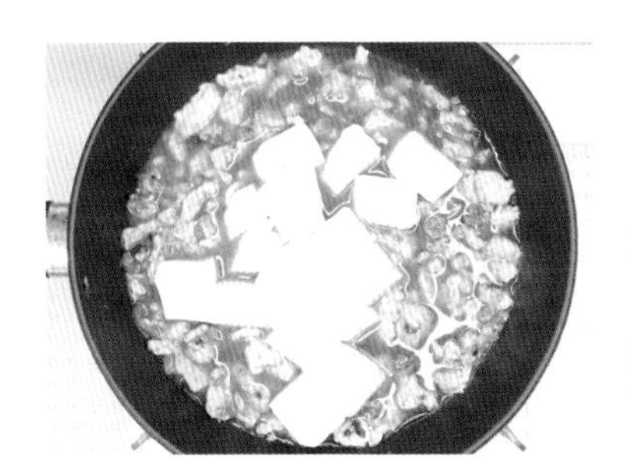

3 **2**에 물을 1컵 넣어 보글보글 끓으면 연두부 2팩을 각각 9조각(한 팩당 9조각, 총 18조각) 낸 뒤 팬에 넣고 졸이듯 끓여주세요.

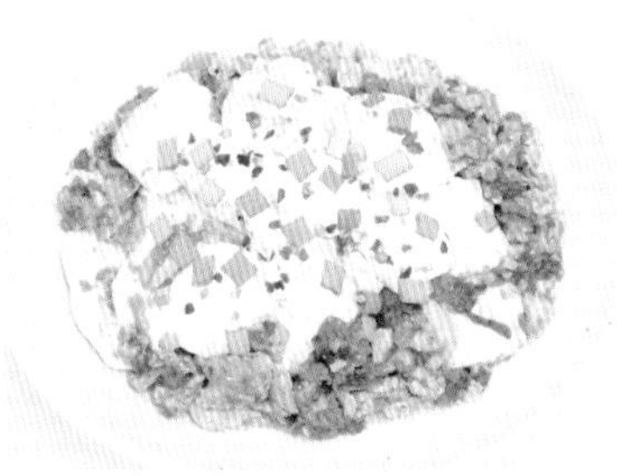

4 그릇에 오트밀밥을 담고 **3**을 넣은 뒤 송송 썬 쪽파와 크러시드 레드페퍼를 올려 완성해주세요.

• 스리라차소스 대신 저당 고추장을 사용해도 괜찮습니다.

조리도구

전자레인지

재료 1인분

아보카도 … 1개
연두부 … 1팩
달걀 … 1개
김가루 … 조금

양념장

다진 마늘 … 1/2숟가락
대파 … 1/5개
파프리카 … 조금(생략 가능)
간장 … 1숟가락
참기름 … 1/3숟가락
참깨 … 1/3숟가락

오트밀밥 (전자레인지 3분)

오트밀 … 6숟가락
물 … 10숟가락

만드는 법 유튜브 보기

1 그릇에 양념장 재료를 모두 넣고 잘 섞어 양념장을 만들어둡니다.

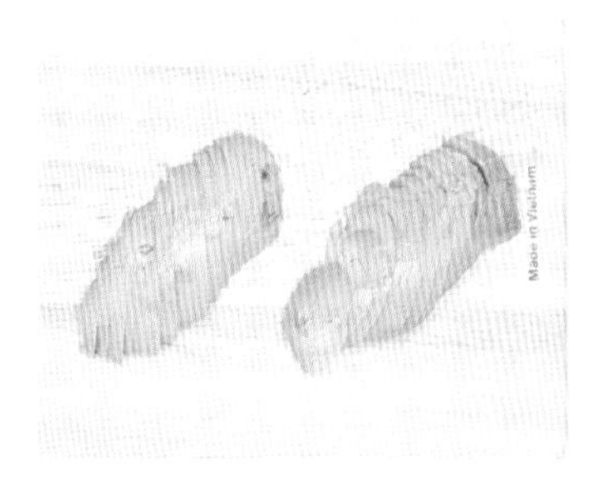

2 아보카도를 반으로 갈라 씨를 제거한 뒤 얇게 편으로 썰어 준비해주세요.

TIP 칼끝으로 그어주듯 자르면 칼에 달라붙지 않고 편하게 잘립니다. 아보카도 써는 방법은 중요하지 않아요. 원하는 크기, 모양으로 썰면 됩니다.

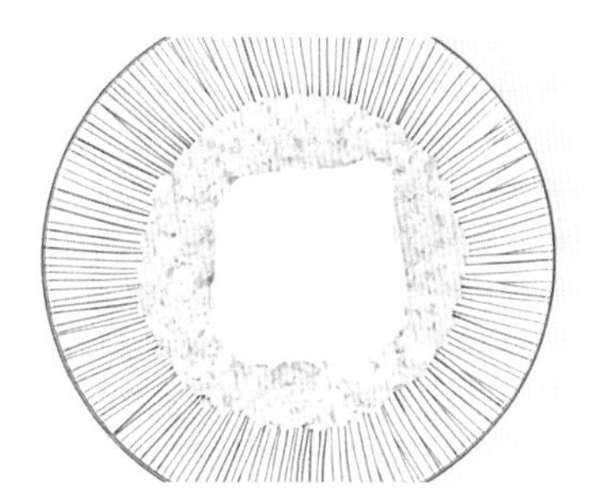

3 전자레인지에 돌려 준비한 오트밀밥 위에 연두부를 올려주세요.

4 달걀프라이를 부쳐 **3** 위에 올리고 **2**에서 썰어둔 아보카도, **1**의 양념장, 김가루를 올려서 완성해주세요.

TIP 크러시드 레드페퍼를 곁들이면 색감도 좋고 매콤한 맛도 더할 수 있습니다.

조리도구

가스레인지

재료 1인분

달걀 … 2개
양파 … 1/2개
다진 마늘 … 1숟가락
간장 … 2숟가락
에리스리톨 … 1숟가락
물 … 5숟가락
쪽파 … 조금
크러시드 레드페퍼 … 조금
김가루 … 조금
올리브오일 … 조금

오트밀밥 (전자레인지 3분)
오트밀 … 6숟가락
물 … 10숟가락

만드는 법 유튜브 보기

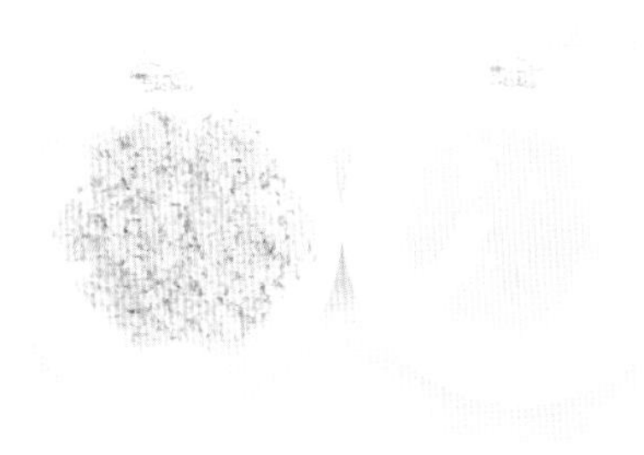

1 그릇에 달걀 1개를 넣고 풀어서 달걀물을 만듭니다. 오트밀밥도 만들어두세요.

2 프라이팬에 올리브오일과 다진 마늘을 넣고 1cm로 두께로 채 썬 양파를 넣은 뒤 노릇해질 때까지 볶아주세요.

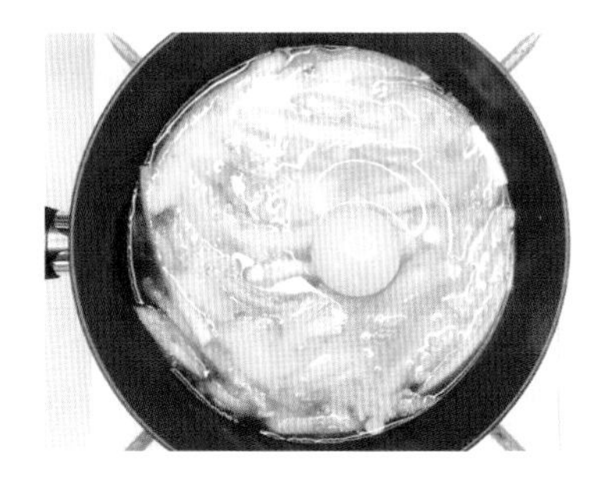

3 **2**에 간장과 에리스리톨을 넣고 센 불에서 한번 볶은 다음 물을 넣고 약한 불로 줄입니다. 여기에 **1**의 달걀물을 붓고 달걀 1개를 맨 위에 올린 뒤 뚜껑을 덮고 익혀주세요.

TIP 노른자를 생으로 즐기고 싶다면 노른자는 따로 분리해서 빼두었다가 완성된 후 노른자를 올리면 됩니다. 달걀은 반 정도만 익혀서 먹는 게 훨씬 촉촉하고 맛있어요.

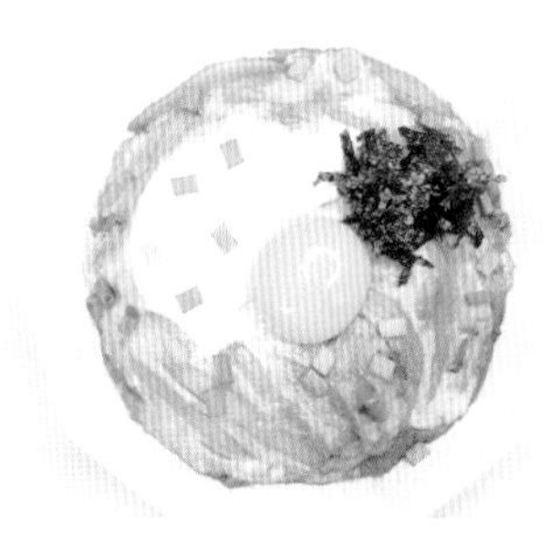

4 그릇에 오트밀밥을 넣고 **3**을 부어준 뒤 송송 썬 쪽파, 크러시드 레드페퍼, 김가루를 올려 완성해주세요.

오트밀애호박깻잎비빔밥

조리도구

가스레인지

재료 1인분

달걀 … 1개
애호박 … 1/2개
깻잎 … 3장
참치 통조림 … 50g
스리라차소스 … 1숟가락
물 … 4숟가락
참기름 … 조금
올리브오일 … 조금

오트밀밥 (전자레인지 3분)
오트밀 … 6숟가락
물 … 10숟가락

만드는 법 유튜브 보기

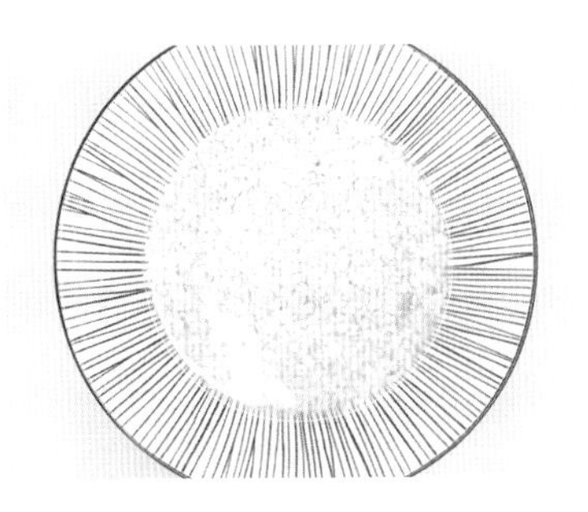

1 그릇에 오트밀과 물을 넣은 다음 전자레인지에 3분간 돌려 오트밀밥을 만들어주세요.

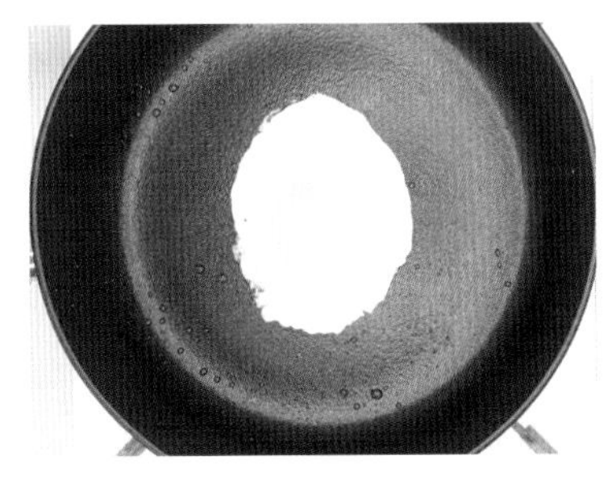

2 프라이팬에 올리브오일을 조금 두르고 달걀프라이를 만듭니다.

3 프라이팬에 5cm 길이로 자른 애호박과 물 4숟가락을 넣은 뒤 뚜껑을 덮고 애호박을 익혀주세요.

4 **1**의 오트밀밥 위에, 애호박 길이와 비슷하게 자른 깻잎, **2**의 달걀프라이와 **3**의 익힌 애호박, 참치, 스리라차소스를 올리고 참기름을 뿌려 마무리합니다.

TIP 크러시드 레드페퍼를 조금 뿌려도 좋아요.

++TIP

- 스리라차소스는 입맛에 맞게 양을 조절하면 됩니다. 스리라차소스가 입에 맞지 않는다면 저당 고추장을 사용해도 좋습니다.

조리도구

전자레인지

재료 1인분

달걀 … 3개
양파 … 1/4개
청양고추 … 1개
스리라차소스 … 2숟가락
크러시드 레드페퍼 … 조금

오트밀밥 (전자레인지 3분)

오트밀 … 7숟가락
물 … 11숟가락

만드는 법 유튜브 보기

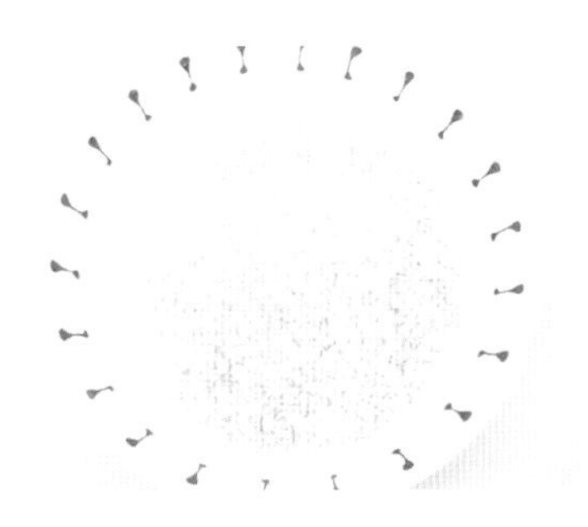

1 전자레인지용 그릇에 오트밀밥 재료를 넣고 전자레인지에 3분간 돌려 오트밀밥을 만들어주세요.

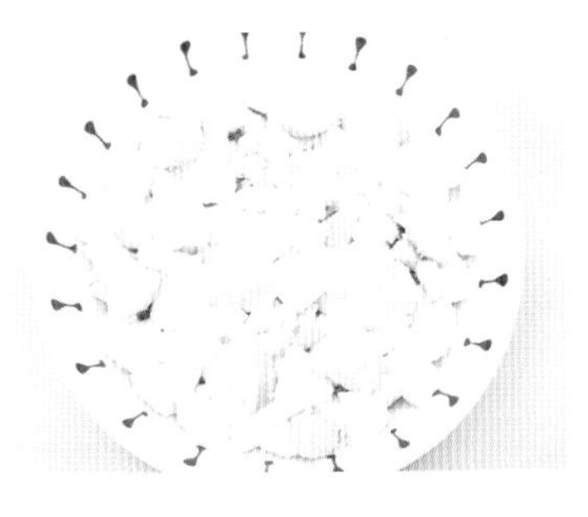

2 달걀을 삶은 다음 포크로 큼직하게 으깨서 **1**의 오트밀밥 위에 올립니다.

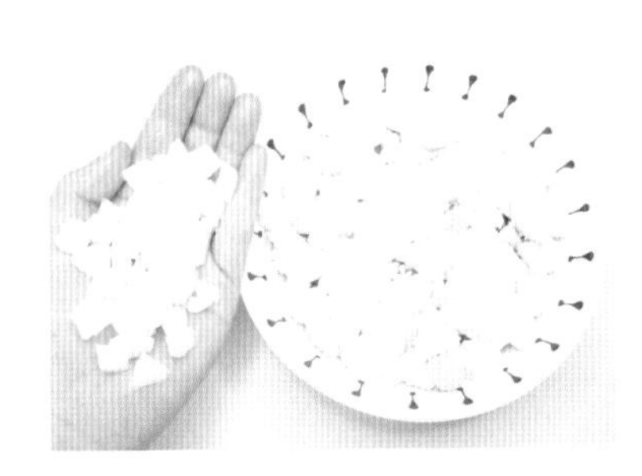

3 양파를 사방 0.5cm 정도 새끼손톱 크기로 잘라서 **2** 위에 올려주세요.

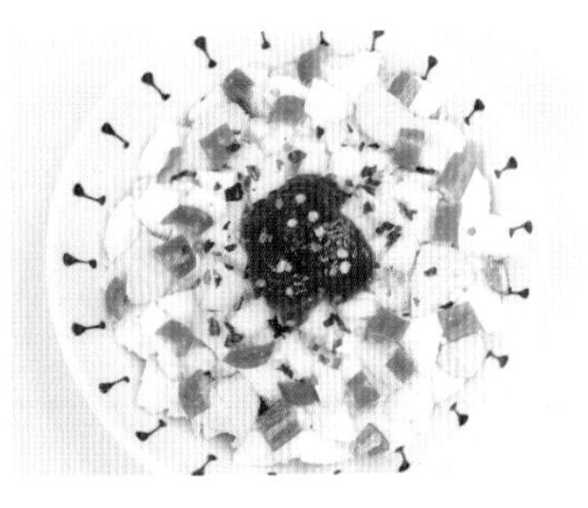

4 **3** 위에 양파와 비슷한 크기로 청양고추를 잘라서 올리고 스리라차소스와 크러시드 레드페퍼를 뿌려 완성해주세요.

TIP 스리라차소스는 입맛에 맞게 조절해서 넣어주세요.

조리도구

가스레인지

재료 1인분

다시마 … 100g
달걀 … 2개
오트밀 … 7숟가락
물 … 6숟가락
올리브오일 … 조금

양념장

다진 마늘 … 1숟가락
청양고추 … 1개
고춧가루 … 1/3숟가락
간장 … 1숟가락
멸치액젓 … 1숟가락
참깨 … 1/3숟가락

만드는 법
유튜브 보기

1 청양고추를 송송 썬 다음 그릇에 청양고추와 나머지 양념장 재료를 모두 넣고 섞어서 양념장을 만들어주세요.

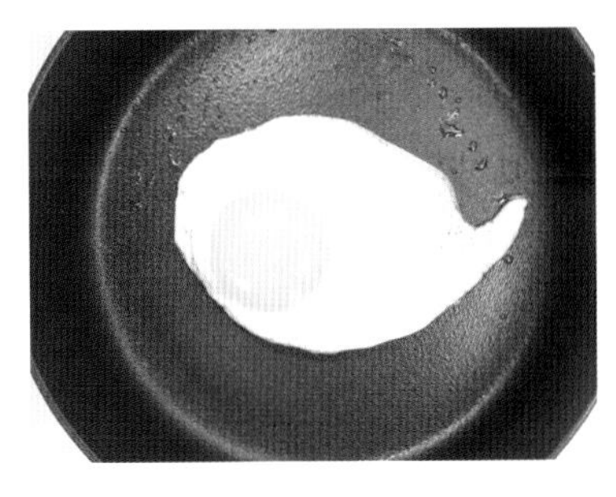

2 프라이팬에 올리브오일을 조금 두르고 달걀 1개를 넣어 달걀프라이를 만들어주세요.

3 불려서 잘게 다진 다시마, 오트밀, 달걀 1개, 물 6숟가락을 그릇에 넣어 잘 섞은 뒤 뚜껑을 덮고 전자레인지에 3분간 돌려주세요.

TIP 다시마는 채소다지기에 넣어 다지면 됩니다. 된밥 좋아하면 물 6숟가락, 진밥 좋아하면 물 10숟가락을 넣어주세요.

4 **3** 위에 **2**의 달걀프라이를 올리고 **1**의 양념장을 올려 비벼서 먹습니다.

TIP 양념장은 한꺼번에 넣지 말고 조금씩 넣으면서 간을 맞춰주세요.

오이게맛살비빔밥

조리도구

가스레인지

재료 1인분

오이 … 1/2개
게맛살 … 2개
달걀 … 1개
스리라차소스 … 조금
소금 … 조금
참깨 … 조금
올리브오일 … 조금

오트밀밥 (전자레인지 3분)
오트밀 … 6숟가락
물 … 10숟가락

만드는 법 유튜브 보기

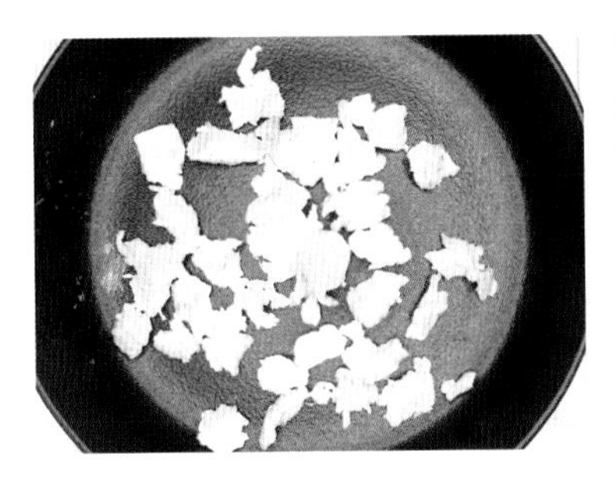

1 프라이팬에 올리브오일을 두른 다음 달걀, 소금을 넣고 스크램블에그를 만들어 준비해주세요.

2 오이를 채칼로 채 썰어서 오트밀밥 위에 올립니다.

3 **2** 위에 게맛살을 찢어서 올리고 **1**의 스크램블에그도 올려주세요.

4 **3** 위에 스리라차소스와 참깨를 뿌린 다음 비벼서 드세요.

TIP 스리라차소스는 조금씩 추가하면서 간을 맞춰주세요.

조리도구

가스레인지

재료 1인분

두부 … 1/2모
명란젓 … 50g
달걀 … 1개
느타리버섯 … 60g
팽이버섯 … 1/2봉지
다진 마늘 … 1숟가락
대파 … 10g
참깨 … 조금
참기름 … 조금
올리브오일 … 조금

만드는 법
유튜브 보기

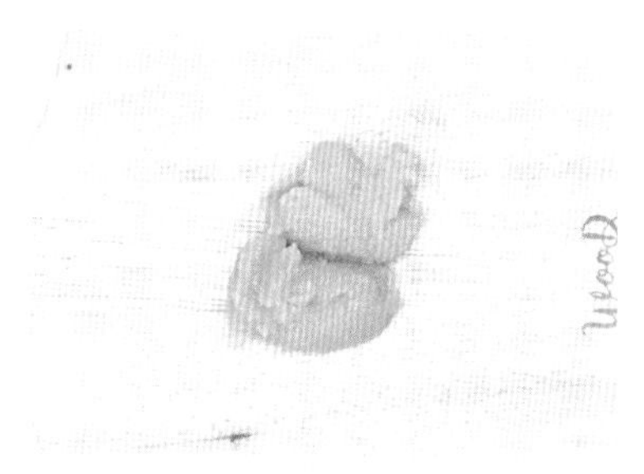

1 명란은 껍질을 벗겨서 준비해주세요.

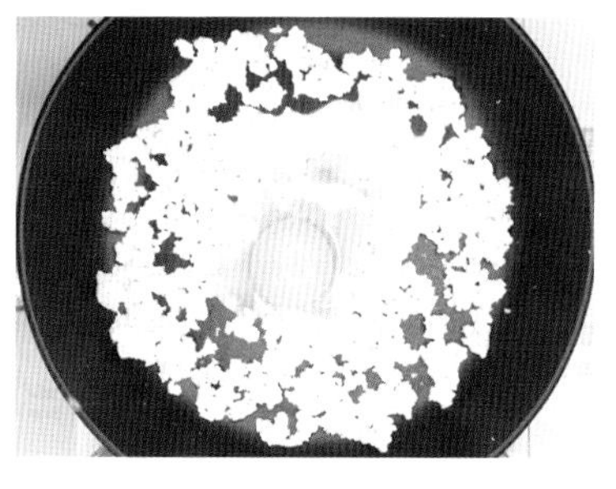

2 기름 두르지 않은 프라이팬에 두부를 넣어 으깨주고 센 불에서 수분을 날려주세요. 달걀을 넣어 으깬 두부와 잘 섞어가면서 볶아주세요.

3 **2**를 옆으로 밀어둔 다음 올리브오일을 두르고 다진 마늘, 송송 썬 대파, 2cm 길이로 썬 느타리버섯과 팽이버섯, 준비한 명란젓의 절반을 넣고 한번 볶아준 뒤 모두 섞어 잘 볶아주세요.

4 그릇에 옮겨 담고 남은 명란젓을 올린 다음 참깨, 참기름을 뿌려 완성해주세요.

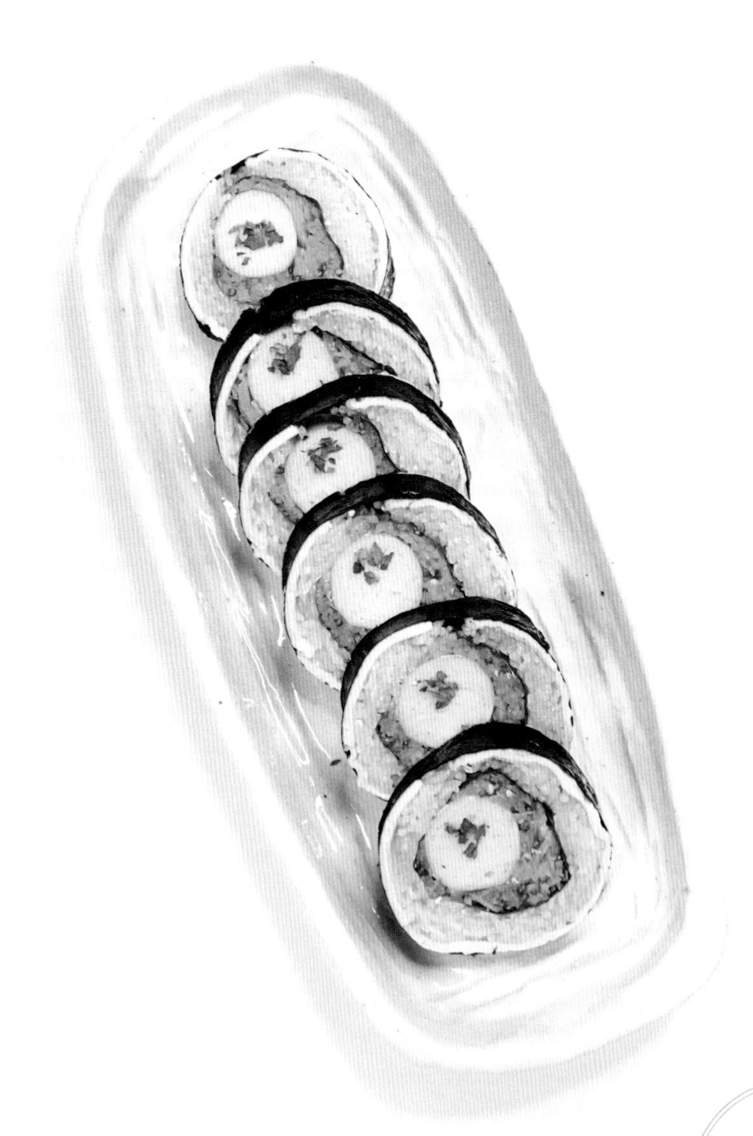

조리도구

가스레인지

재료 1인분

실곤약 … 150g
달걀 … 1개
닭가슴살소시지 … 1개
체더치즈 … 1장
깻잎 … 2장
김밥김 … 1장
식초 … 1숟가락
에리스리톨 … 1/2숟가락
소금 … 조금
참기름 … 1/2숟가락
파슬리가루 … 조금

당근라페

당근 … 1/2개
올리브오일 … 1숟가락
홀그레인 머스터드 … 1/2숟가락
레몬즙 … 1/2숟가락
에리스리톨 … 1/2숟가락
소금 … 조금

만드는 법 유튜브 보기

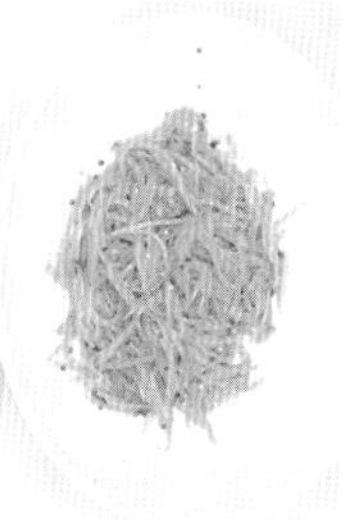

1 그릇에 달걀을 넣고 풀어서 달걀물을 만든 다음 사각프라이팬에 올리브오일을 두르고 달걀을 구워서 완전히 식힙니다. 채칼로 얇게 채 썬 당근과 나머지 당근라페 재료를 그릇에 모두 넣고 버무려주세요.

TIP 동그란 프라이팬도 가능해요.

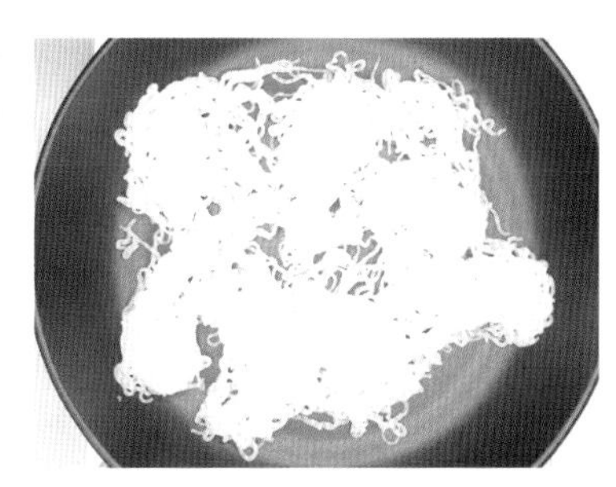

2 깨끗하게 씻은 실곤약을 기름을 두르지 않은 프라이팬에 넣고 센 불에서 수분을 날려준 뒤 식초, 에리스리톨, 소금, 참기름을 뿌려 한번 더 볶은 다음 완전히 식혀주세요.

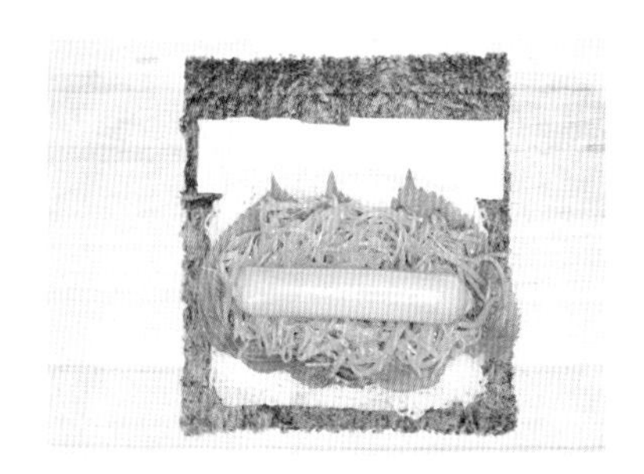

3 김밥김에 **1**에서 만든 달걀지단을 깔고 지단 위에 체더치즈 1장을 반으로 나눠서 올려준 뒤 실곤약, 깻잎, 당근라페, 닭가슴살소시지를 순서대로 올려 김밥을 말아주세요.

4 김밥에 참기름을 바르고 먹기 좋은 크기로 자릅니다. 접시에 옮겨 담은 뒤 파슬리가루를 뿌려 완성해주세요.

TIP 김밥을 썰 때는 꼭 잘 드는 칼을 사용해주세요.

파프리카닭가슴살비빔밥

조회수
44.5만

조리도구

가스레인지

재료 1인분

닭가슴살 … 1개
상추 … 2장
빨간 파프리카 … 1/2개
노란 파프리카 … 1/2개
달걀 … 1개
다진 마늘 … 1/3숟가락
에리스리톨 … 1/2숟가락
올리브오일 … 1½숟가락
식초 … 1/2숟가락
소금 … 조금
후춧가루 … 조금
참깨 … 조금
스리라차소스 … 조금

오트밀밥 (전자레인지 3분)
오트밀 … 6숟가락
물 … 10숟가락

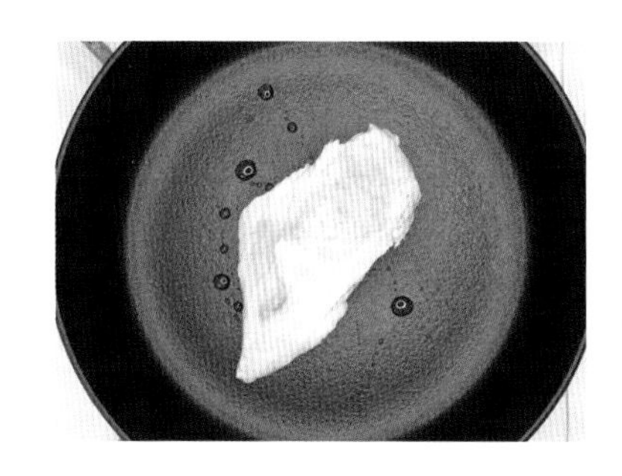

1 프라이팬에 올리브오일 1숟가락을 두르고 닭가슴살을 올린 뒤 뚜껑을 덮고 5분 익히고 뒤집어서 5분 더 구워주세요.

TIP 시중에서 파는 익힌 닭가슴살을 사용하면 이 과정은 생략해도 됩니다. 구운 뒤 잘라보고 덜 익은 면은 조금 더 익혀주세요.

2 파프리카를 0.3cm 두께로 길쭉하게 자른 다음 그릇에 다진 마늘, 에리스리톨, 올리브오일 1/2숟가락, 식초, 소금, 후춧가루, 참깨를 넣어 잘 섞어주세요.

TIP 파프리카를 자를 때 채칼을 사용하면 편리해요.

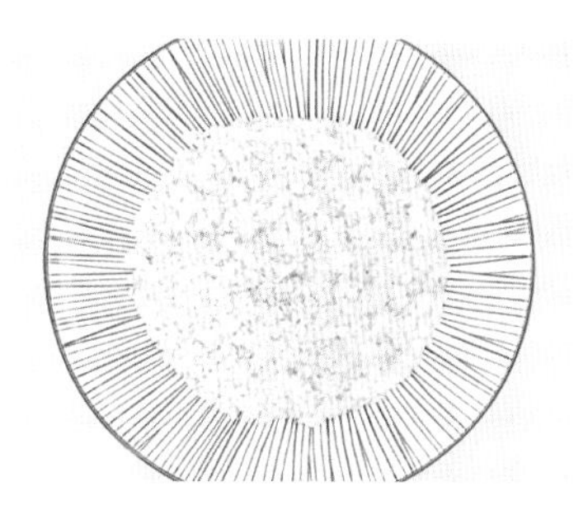

3 그릇에 오트밀밥 재료를 넣고 전자레인지에 3분 돌려 오트밀밥을 만들어주세요.

4 **3** 위에 **2**의 양념한 파프리카, 한입 크기로 자른 **1**의 구운 닭가슴살을 올리고 상추를 먹기 편한 크기로 잘라서 올려주세요. 달걀프라이를 만들어 위에 올리고 스리라차소스를 뿌려 완성합니다.

TIP 크러시드 레드페퍼를 약간 곁들여도 좋아요.

조리도구

가스레인지

재료 1인분

팽이버섯 … 1봉지
달걀 … 2개
다진 마늘 … 1숟가락
에리스리톨 … 1숟가락
간장 … 2숟가락
물 … 5숟가락
올리브오일 … 조금

오트밀밥 (전자레인지 3분)
오트밀 … 6숟가락
물 … 10숟가락

만드는 법
유튜브 보기

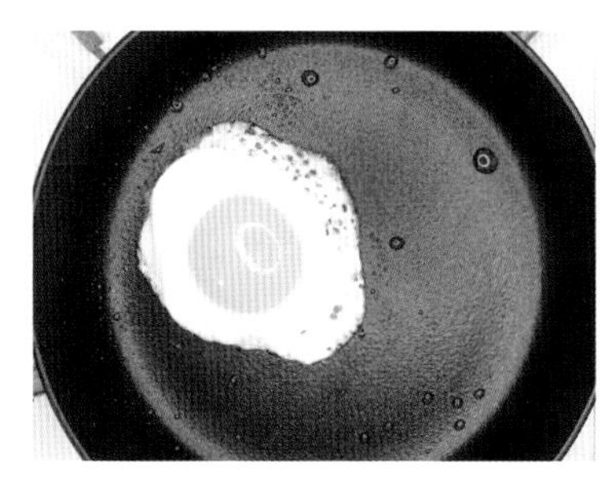

1 프라이팬에 올리브오일을 두르고 달걀프라이 1개를 만들어 준비해 주세요.

2 프라이팬에 올리브오일을 두르고 3cm 길이로 자른 팽이버섯을 넣은 뒤 다진 마늘, 에리스리톨, 간장, 물을 넣고 팽이버섯 숨이 죽을 때까지 끓여주세요.

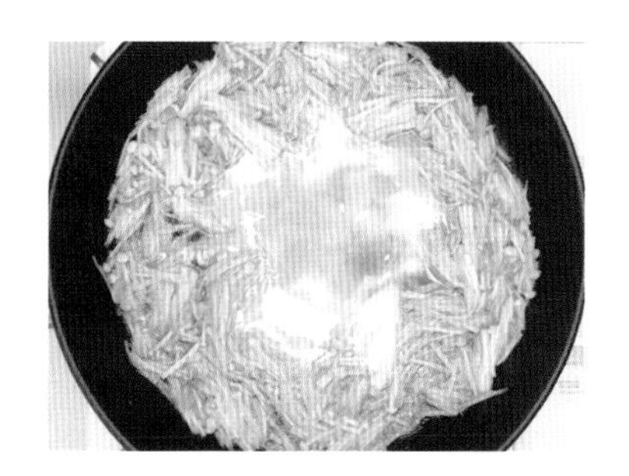

3 **2**의 팽이버섯 숨이 죽으면 달걀 1개를 넣은 다음 많이 젓지 않고 슬쩍슬쩍 옆으로 퍼트려서 살짝만 익혀주세요.

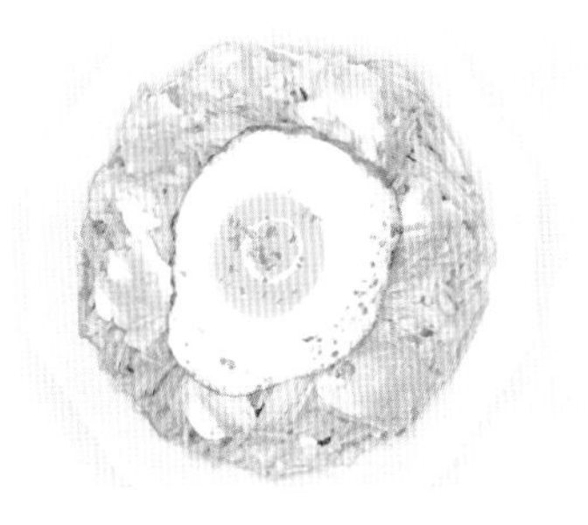

4 그릇에 오트밀밥 재료를 넣고 전자레인지에서 3분간 돌려 오트밀밥을 만든 뒤 그 위에 **3**을 붓고 **1**의 달걀프라이를 올려서 완성해 주세요.

TIP 오트밀밥 대신 잡곡밥을 써도 돼요. 취향에 따라 파슬리가루, 크러시드 레드페퍼를 올려도 좋아요.

조리도구

가스레인지

재료 1인분

팽이버섯 … 1/2봉지
두부 … 1/2모
참치 통조림 … 50g
오트밀 … 5숟가락
양파 … 1/8개
청양고추 … 1/2개
에리스리톨 … 1/2숟가락
식초 … 1/2숟가락
다진 마늘 … 1숟가락
스리라차소스 … 2숟가락
김밥김 … 1장
소금 … 조금
올리브오일 … 조금

만드는 법 유튜브 보기

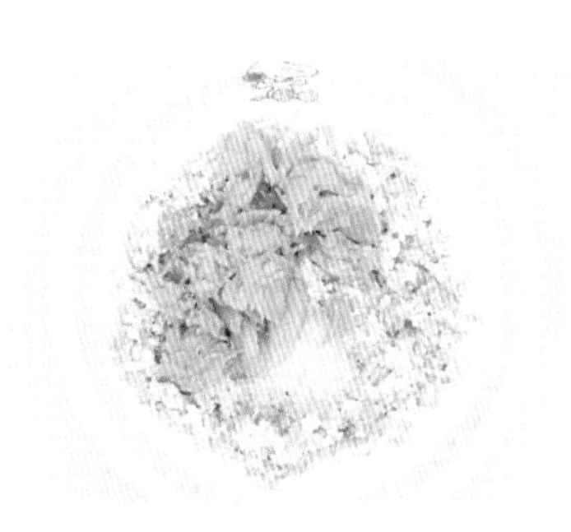

1 그릇에 두부를 넣고 으깬 다음 오트밀을 넣어 잘 섞은 뒤 뚜껑을 덮지 않은 채로 전자레인지에서 3분간 돌려 꺼낸 다음 저어줍니다. 여기에 참치, 소금, 에리스리톨, 식초를 넣고 잘 섞은 후 4등분해서 초밥 모양을 만들어주세요.

TIP 두부 물기는 따로 제거하지 않고 겉면의 물기만 한번 털어줬어요.

2 프라이팬에 올리브오일을 두르고 적당한 덩어리로 찢은 팽이버섯, 다진 마늘, 스리라차소스를 넣고 볶아주세요.

TIP 간을 보고 싱거우면 스리라차소스를 1숟가락 정도 추가해주세요.

3 김밥김 1장을 4등분하고 **1**을 김밥김 위에 하나씩 올려 접어줍니다. 그 위에 양파를 길쭉하게 채 썰어서 2조각씩 올린 뒤 **2**의 볶은 팽이버섯을 올려주세요.

4 **3** 위에 다진 청양고추를 조금 올려 완성해주세요.

TIP 팽이버섯 때문에 가위로 반을 잘라서 먹는 게 편해요.

++TIP

- 두부와 오트밀을 밥 대신 활용하여 만드는 초밥입니다. 탄수화물 섭취를 줄이면서도 밥을 먹는 느낌은 즐길 수 있어서 좋아요.

조리도구

가스레인지

재료 1인분

토마토 … 1개
가지 … 1/2개
달걀 … 1개
다진 마늘 … 1숟가락
굴소스 … 1/2숟가락
참기름 … 조금
후춧가루 … 조금
참깨 … 조금
소금 … 조금
올리브오일 … 조금

오트밀밥 (전자레인지 3분)

오트밀 … 5숟가락
물 … 7숟가락

만드는 법 유튜브 보기

1 프라이팬에 올리브오일을 두른 뒤 한 입 크기로 썬 토마토와 가지, 다진 마늘, 소금을 넣고 노릇해지도록 볶아주세요.

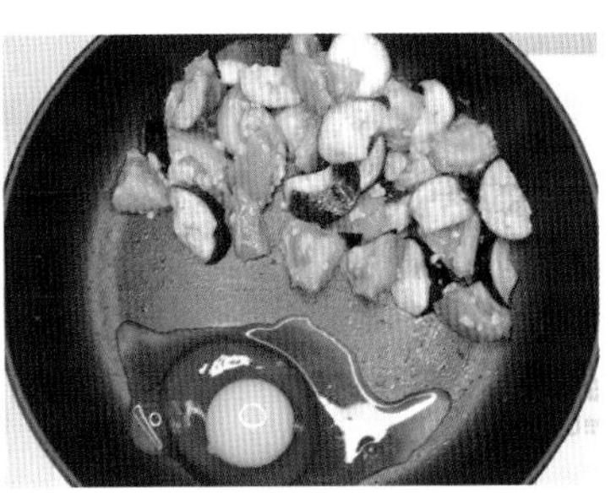

2 **1**의 재료를 한쪽으로 밀어놓고 올리브오일을 살짝 두른 뒤 달걀을 넣어 스크램블에그를 만들어주세요.

3 **2**에 굴소스를 넣고 고루 섞으며 잘 볶은 후 불을 끄고 참기름, 후춧가루, 참깨를 넣어 섞어주세요.

4 분량의 재료로 오트밀밥을 만든 다음 **3**을 올려 완성합니다.

TIP 기호에 따라 파슬리가루를 뿌려도 좋아요.

조리도구

가스레인지

재료 1인분

토마토 … 1개
새송이버섯 … 1개
달걀 … 1개
다진 마늘 … 1숟가락
카레가루 … 2숟가락
물 … 1컵
올리브오일 … 조금

오트밀밥 (전자레인지 3분)

오트밀 … 5숟가락
물 … 7숟가락

만드는 법 유튜브 보기

1 프라이팬에 올리브오일을 두른 뒤 다진 마늘을 넣고 한 입 크기로 자른 새송이버섯, 8등분한 토마토를 넣고 볶습니다. 이때 토마토를 숟가락으로 잘게 자르면서 볶아주세요.

TIP 조금 딱딱한 토마토는 볶는 과정에서 숟가락으로 잘 안 잘릴 수도 있어요. 이후 끓이는 과정에서 말랑해지면 먹기 편한 크기로 자르면 됩니다.

2 **1**의 재료를 프라이팬 한쪽으로 밀어두고 남은 공간에 올리브 오일을 살짝 두른 뒤 달걀을 넣어 스크램블을 만들어주세요.

3 **2**에 분량의 물과 카레가루를 넣은 후 살짝 걸쭉해질 때까지 끓여주세요.

TIP 끓으면서 토마토 껍질이 자연스럽게 벗겨지는데 먹기 불편하면 껍질을 건져 내세요. 전 카레가루의 경우 시판되는 '백세카레'를 사용했어요.

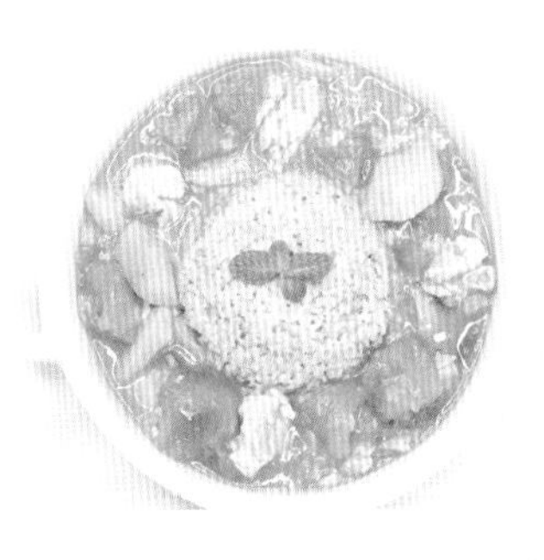

4 분량의 재료로 오트밀밥을 만든 뒤 **3**의 카레를 올려서 완성합니다.

TIP 오트밀밥 대신 잡곡밥을 사용해도 좋아요.

조리도구

가스레인지

재료 1인분

김치 … 75g
김칫국물 … 5숟가락
오트밀 … 7숟가락
물 … 3컵
국물용 멸치 … 5마리
참치 통조림 … 50g
참치액 … 1숟가락
국간장 … 1/2숟가락
고춧가루 … 1숟가락
쪽파 … 조금

만드는 법 유튜브 보기

1 냄비에 분량의 물을 넣고 잘게 썬 김치, 김칫국물, 오트밀, 국물용 멸치를 넣고 끓여주세요.

TIP 김치 75g은 잘게 썬 상태에서 3숟가락 정도 되는 분량입니다.

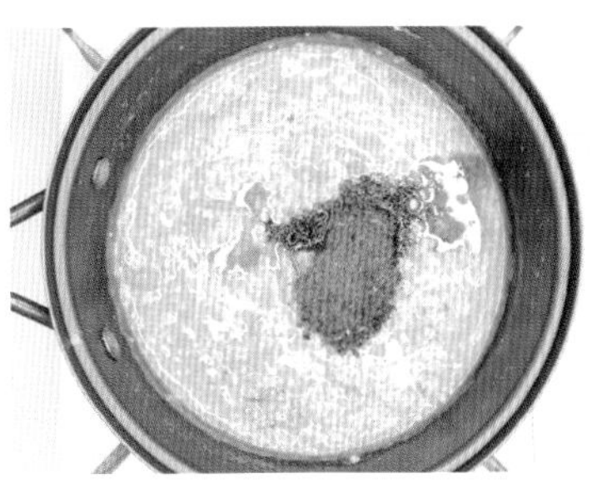

2 물이 끓으면 멸치를 건져 낸 다음 참치액, 국간장, 고춧가루를 넣고 한 번 더 끓입니다.

TIP 김치 염도에 따라 간이 달라질 수 있으니 참치액을 먼저 넣고 맛을 본 뒤 국간장으로 나머지 간을 맞춰주세요.

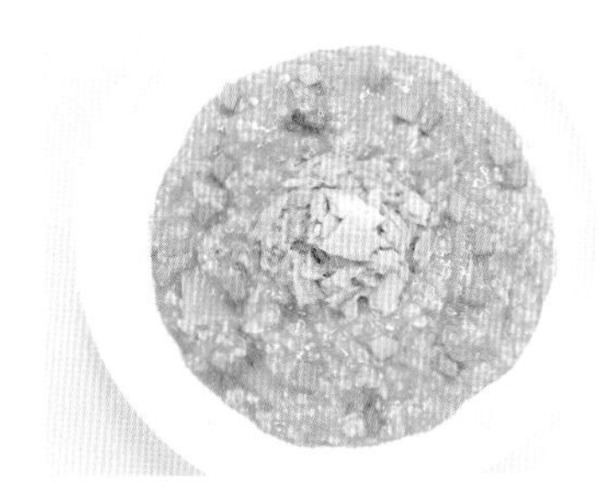

3 **2**를 그릇에 옮겨 담은 뒤 참치를 올리고 쪽파를 송송 썰어 올려 완성해주세요.

● 오트밀에는 식이섬유가 풍부하게 들어 있어 다이어트에 도움을 줍니다.

조리도구

가스레인지

재료 1인분

가지 … 1개
양파 … 1/4개
청양고추 … 1/2개
홍고추 … 1/2개
마늘 … 20알
다진 마늘 … 1숟가락
멸치액젓 … 1숟가락
굴소스 … 1숟가락
고춧가루 … 1/2숟가락
물 … 3숟가락
올리브오일 … 조금

곤약오트밀밥 (전자레인지 3분)
오트밀 … 7숟가락
알알이곤약 … 5숟가락
물 … 12숟가락

1 가지와 양파는 사방 3cm 크기로 큼직하게 자릅니다. 프라이팬에 올리브오일을 두른 다음 다진 마늘, 가지, 양파를 넣고 센 불에서 볶습니다. 양파가 노릇노릇해지면 중간 불로 줄이고 물을 3숟가락 넣어서 마저 익혀주세요.

2 **1**에 송송 썬 청양고추와 홍고추, 멸치액젓, 굴소스, 고춧가루를 넣고 볶은 뒤 분량의 재료로 만든 곤약오트밀밥을 넣고 한번 더 볶아주세요.

TIP 알알이곤약은 깨끗하게 씻은 뒤 물기를 빼서 쓰세요. 5숟가락은 70g 정도 됩니다.

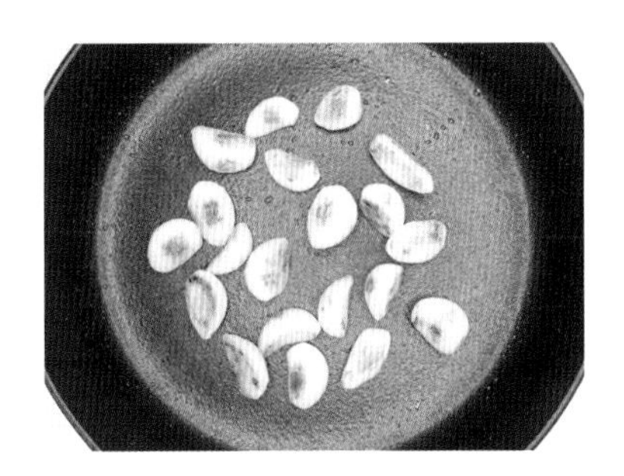

3 프라이팬에 올리브오일을 두르고 꼭지를 제거한 마늘을 넣어 센 불에서 볶다가 살짝 노릇해지기 시작하면 약한 불로 줄인 다음 뚜껑을 덮어서 마늘 속까지 익혀주세요.

TIP 마늘 개수는 기호에 따라 조절해주세요.

4 **2**를 오목한 밥그릇에 담고 위를 살짝 눌러서 모양을 잡아준 뒤 접시에 뒤집어 옮겨 담습니다. 여기에 **3**의 구운 마늘을 올려주면 완성입니다.

조회수
11.2만

조리도구

가스레인지

재료 1인분

달걀 … 2개
양파 … 1/4개
카레가루 … 2숟가락
아몬드밀크(무설탕) … 1½팩
쪽파 … 조금
크러시드 레드페퍼 … 조금
올리브오일 … 조금

오트밀밥 (전자레인지 3분)

오트밀 … 10숟가락
물 … 10숟가락

만드는 법
유튜브 보기

1 프라이팬에 올리브오일을 두르고 1cm 두께로 길게 썬 양파를 넣어 노릇해질 때까지 볶아주세요.

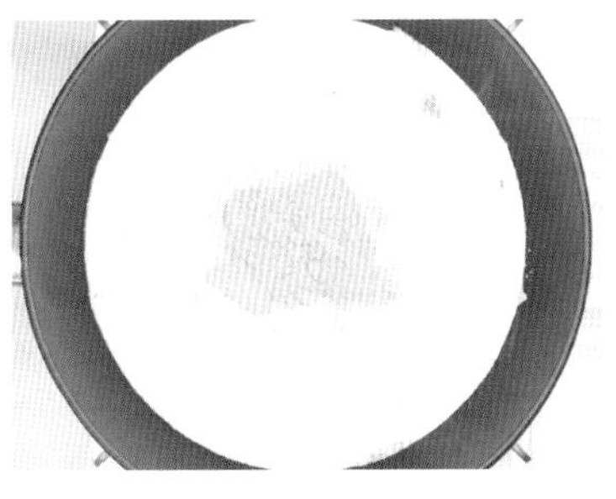

2 **1**에 아몬드밀크와 카레가루를 넣고 카레가루가 뭉치지 않게 잘 섞은 후 바글바글 끓여주세요.

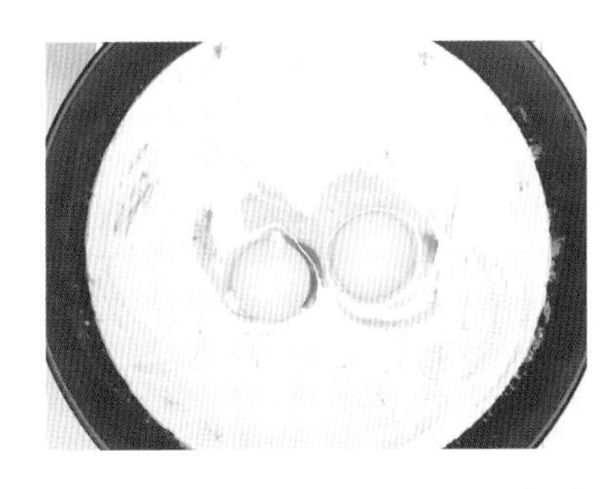

3 **2**에 달걀을 넣어 풀고 국물이 적당히 졸아들도록 끓여주세요.

TIP 간을 보고 싱거우면 카레가루를 조금 추가해주세요.

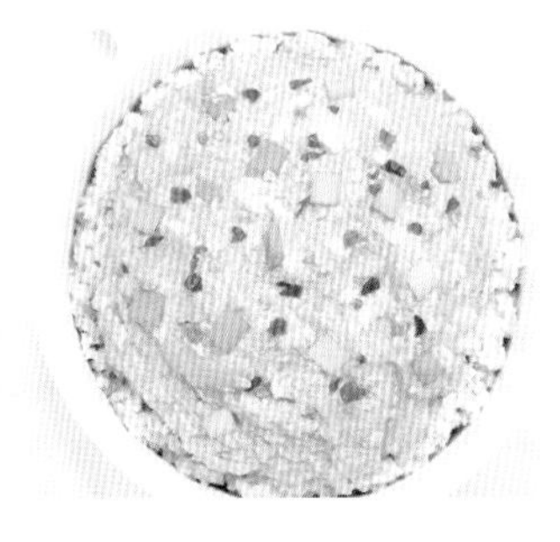

4 오트밀밥을 만들어 **3**의 카레를 올린 뒤 송송 썬 쪽파, 크러시드 레드페퍼를 뿌려 완성합니다.

삶은달걀김밥
두부묵은지김밥
천사채연어김밥
밥없는양배추김밥
밥없는마약김밥
콜리플라워연어초밥
밥없는달걀초밥
실곤약연두부크림파스타
칠리새우실곤약볶음면
실곤약마파두부볶음면
실곤약샐러드비빔국수
토마토달걀지단국수
감자연어롤
순두부그라탕
오트밀삼계죽
양배추게맛살죽
팽이버섯된장죽

2장

포만감 확실한, 밥 없는 식사류

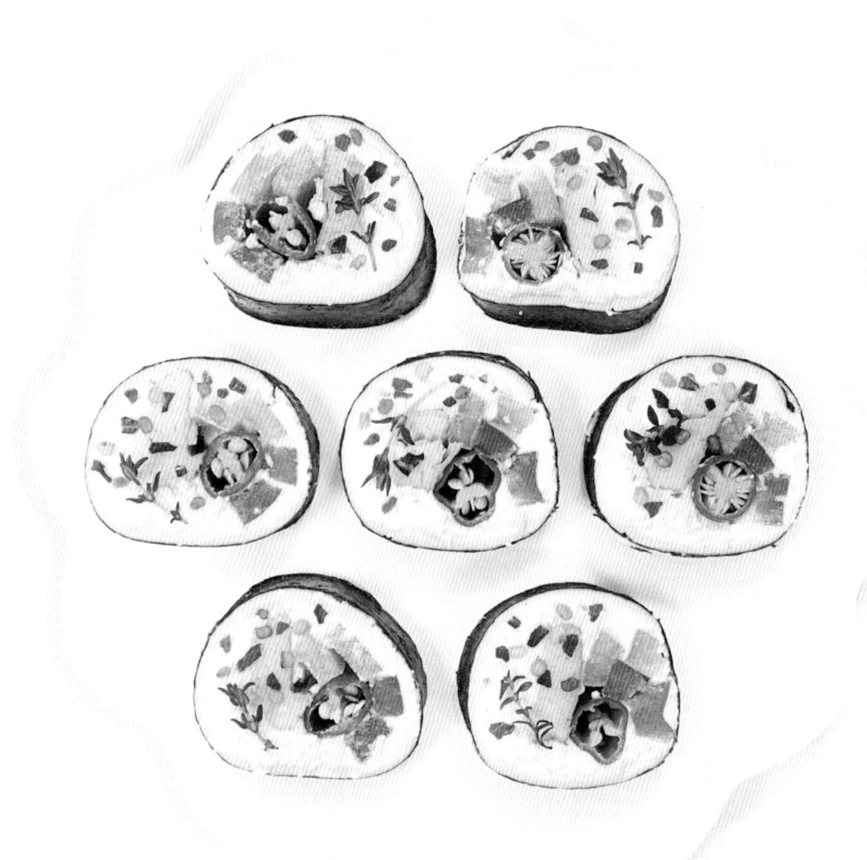

조리도구

가스레인지

재료 1인분

달걀 … 2개
양파 … 1/4개
김밥김 … 1장
체더치즈 … 3장
게맛살 … 2개
노란 파프리카 … 조금
빨간 파프리카 … 조금
아보카도 마요네즈 … 1숟가락
소금 … 조금
크러시드 레드페퍼 … 조금
타임 … 조금

만드는 법 유튜브 보기

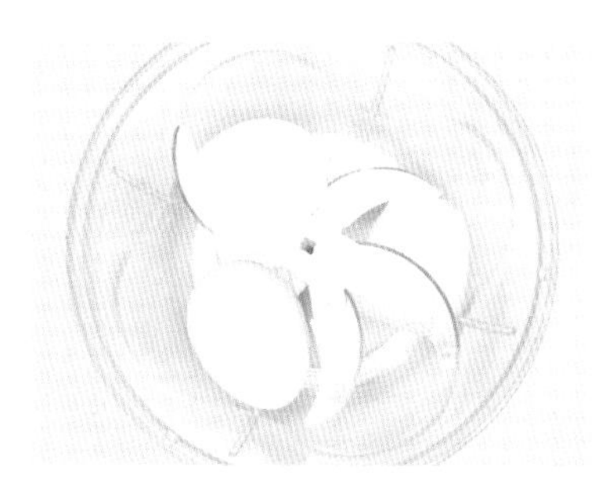

1 달걀을 삶은 다음 채소다지기에 삶은 달걀, 양파를 넣고 다져주세요. 채소다지기가 없다면 삶은 달걀은 감자으깨기나 포크로 으깨고 양파는 칼이나 가위를 사용해서 다진 후 으깬 달걀과 다진 양파를 섞어주세요.

2 1에 아보카도 마요네즈, 소금을 넣고 섞어주세요.

3 김밥김 위에 체더치즈 2장을 올리고 1장은 반으로 잘라서 올려줍니다. 그 위에 1을 펼친 나음 게맛살을 올리고 파프리카는 맛살 길이로 잘라서 올려주세요.

4 김밥 말듯이 말아주고 한 입 크기로 썰어 그릇에 담은 다음 크러시드 레드페퍼, 타임을 올려 장식해주세요.

TIP 김밥을 썰 때는 반드시 잘 드는 칼을 사용해야 망치지 않고 예쁘게 썰려요. 크러시드 레드페퍼와 타임은 생략 가능합니다.

조리도구

없음

재료 1인분

김밥김 … 2장
두부 … 1모
묵은지 … 100g(씻어서 물기 뺀 양)
참치 통조림 … 80g
청양고추 … 2개
노란 파프리카 … 1/8개
빨간 파프리카 … 1/8개
알룰로스 … 1숟가락
소금 … 조금
참기름 … 조금

1 두부는 키친타월을 이용해 물기를 충분히 제거한 뒤 그릇에 담고 소금, 참기름을 넣어서 으깨면서 비벼주세요.

TIP 소금 간을 잘 맞춰주세요. 너무 싱거우면 맛이 없어요. 두부를 전자레인지에 2분 정도 돌린 후 사용해도 좋아요.

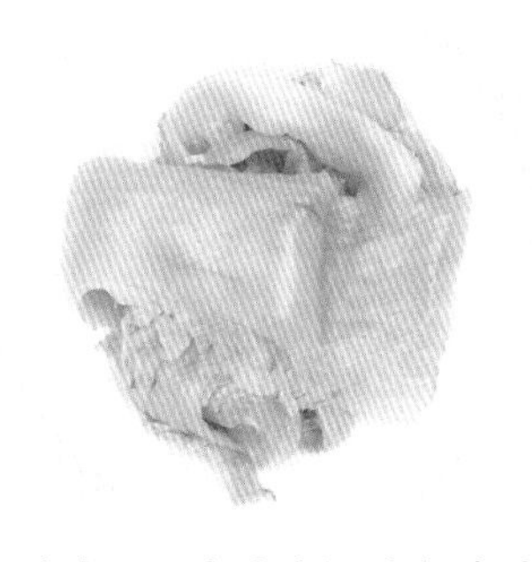

2 김치는 물에 양념을 씻어 낸 다음 물기를 꽉 짜고 알룰로스를 넣어 조물조물 무쳐주세요.

TIP 김치 염도에 따라서 알룰로스 양을 조절해주세요.

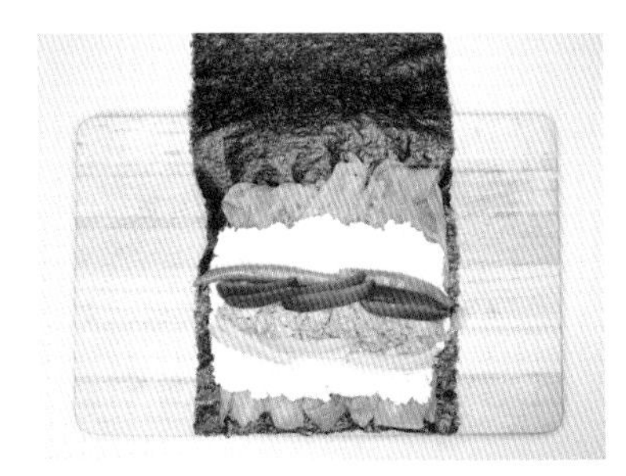

3 김밥김 2장을 이어 붙인 다음 **2**의 김치를 먼저 펼쳐 깔고 **1**의 두부를 올려 펼칩니다. 그 위에 참치, 청양고추를 올리고 파프리카는 1cm 두께로 길게 잘라서 올린 뒤 말아주세요.

TIP 김밥김 1장 끝에 물을 조금 바르고 김밥김 1장을 이어 붙여 사용합니다.

4 **3**의 김밥에 참기름을 바르고 한 입 크기로 잘라 그릇에 담아주세요.

조리도구

전자레인지

재료 1인분

김밥김 … 1장
연어 … 70g
돌나물 … 65g
게맛살 … 2개
달걀 … 1개
청양고추 … 2개
참기름 … 조금

천사채마요

천사채 … 50g
게맛살 … 2개
아보카도 마요네즈 … 1숟가락
홀그레인 머스터드 … 1/2숟가락
에리스리톨 … 1숟가락
소금 … 조금

만드는 법 유튜브 보기

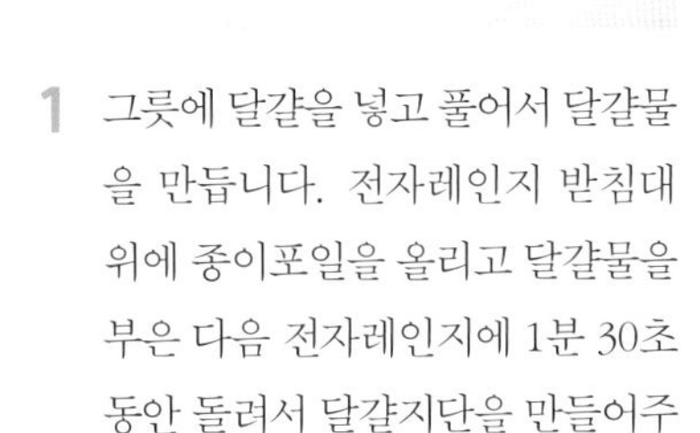

1 그릇에 달걀을 넣고 풀어서 달걀물을 만듭니다. 전자레인지 받침대 위에 종이포일을 올리고 달걀물을 부은 다음 전자레인지에 1분 30초 동안 돌려서 달걀지단을 만들어주세요.

TIP 프라이팬을 이용해 지단을 만들어도 괜찮습니다.

2 게맛살 2개를 잘게 찢은 다음 그릇에 게맛살과 나머지 천사채마요 재료를 모두 넣고 잘 섞어주세요.

TIP 천사채는 깨끗하게 씻은 뒤 물기를 잘 제거하고 사용하세요.

3 김밥김 위에 돌나물, **1**의 달걀지단, **2**의 천사채마요 순으로 펼쳐 깐 다음 그 위에 연어, 게맛살 2개, 청양고추 2개를 올려 말아주세요.

TIP 돌나물은 깨끗하게 씻은 뒤 채소 탈수기에 넣고 물기를 충분히 제거해주세요. 김밥 말기가 힘들면 김밥김 2장을 이어서 길게 만든 후 말면 쉬워요.

4 **3**에 참기름을 바르고 먹기 좋은 크기로 자른 뒤 그릇에 담아주세요.

TIP 김밥을 자르기 전에 칼을 갈아주면 김밥을 이쁘게 자를 수 있어요.

- 다시마가 주원료인 천사채는 식이섬유가 풍부해서 다이어트에 도움을 줍니다.

조리도구

가스레인지

재료 1인분

김밥김 … 2장
양배추 … 100g
달걀 … 1개
체더치즈 … 3장
게맛살 … 2개
깻잎 … 4장
아보카도 마요네즈 … 1/2숟가락
소금 … 조금
참기름 … 조금

오이라페

오이 … 2/3개
홀그레인 머스터드 … 1/3숟가락
올리브오일 … 1숟가락
레몬즙 … 1/2숟가락
알룰로스 … 1/2숟가락
소금 … 조금

당근라페

당근 … 2/3개
홀그레인 머스터드 … 1/3숟가락
올리브오일 … 1숟가락
레몬즙 … 1/2숟가락
알룰로스 … 1/2숟가락
소금 … 조금

만드는 법 유튜브 보기

1 오이와 당근은 채칼로 채 썰어 준비합니다. 오이와 당근을 각각 그릇에 담고 분량의 라페 재료를 넣어 오이라페, 당근라페를 만들어주세요.

2 양배추를 곱게 다진 뒤 기름을 두르지 않은 프라이팬에 넣고 센 불에 볶아 수분을 날려줍니다. 여기에 달걀을 넣어 잘 섞어가며 볶고 아보카도 마요네즈와 소금을 넣어 한번 볶은 뒤 식혀주세요.

TIP 양배추는 채소다지기에 넣고 다지면 편해요.

3 도마 위에 김밥김을 올린 다음 끝에 물을 조금 말라 김밥김 1장을 더 연결해줍니다. 여기에 체더치즈 2장을 올리고 나머지 1장은 반으로 잘라서 올려주세요. 그 위에 **2**의 양배추, 깻잎, **1**의 당근라페와 오이라페, 게맛살 순으로 올린 뒤 잘 말아주세요.

TIP 이때 오이라페, 당근라페는 물기를 충분히 제거하고 사용해야 합니다.

4 **3**의 김밥에 참기름을 바르고 먹기 좋은 크기로 잘라서 완성해주세요.

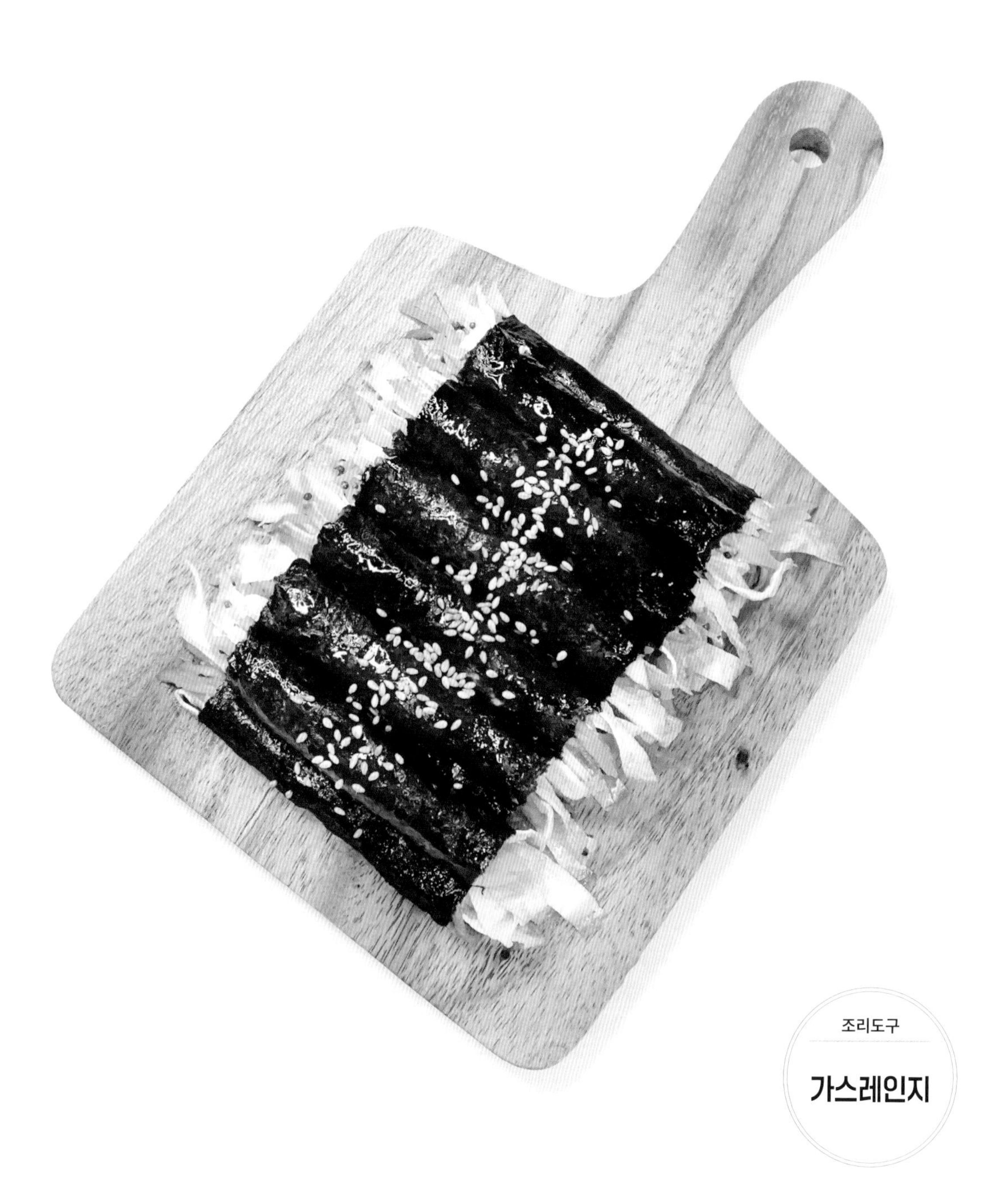

조리도구

가스레인지

재료 2인분

김밥김 … 3장
달걀 … 2개
게맛살 … 3개
소금 … 조금
참깨 … 조금
참기름 … 조금
올리브오일 … 조금

당근라페

당근 … 1개
홀그레인 머스터드 … 1/2숟가락
레몬즙 … 1숟가락
올리브오일 … 2숟가락
에리스리톨 … 1숟가락
소금 … 조금

겨자소스

연겨자 … 1/2숟가락
알룰로스 … 1/2숟가락
간장 … 1숟가락
식초 … 1숟가락
물 … 1숟가락

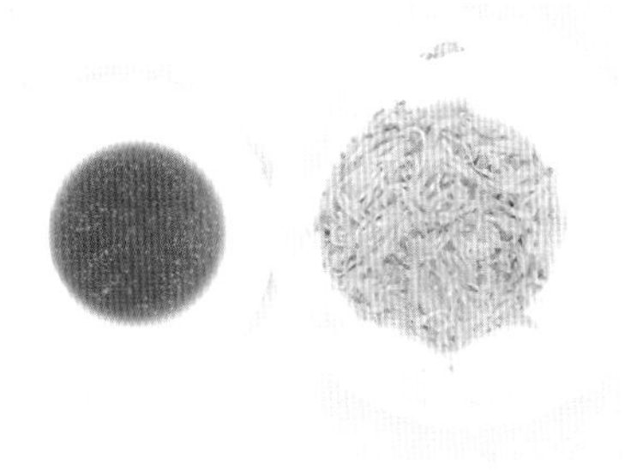

1 그릇에 겨자소스 재료를 모두 넣고 섞어서 소스를 만듭니다. 당근은 채칼로 얇게 채친 다음 나머지 당근라페 재료와 함께 그릇에 넣고 잘 섞어서 당근라페를 만들어주세요.

TIP 겨자소스를 만들 때 연겨자는 중간에 맛을 보면서 취향에 맞게 조절하면 됩니다.

2 그릇에 달걀과 소금을 넣고 섞어 달걀물을 만든 뒤 프라이팬에 올리브오일을 두르고 달걀지단을 부쳐주세요. 다 부쳐진 지단은 꺼내서 동그랗게 만 뒤 0.5cm 두께로 잘라 준비해주세요.

3 김밥김 3장을 4등분해서 12장을 만든 후 **1**의 당근라페, **2**의 지단과 결대로 찢은 게맛살을 조금씩 올려 말아주세요.

TIP 김밥김의 거친 면이 안으로 오게 펼쳐서 사용하세요. 당근라페의 수분을 충분히 제거 후 넣어주세요.

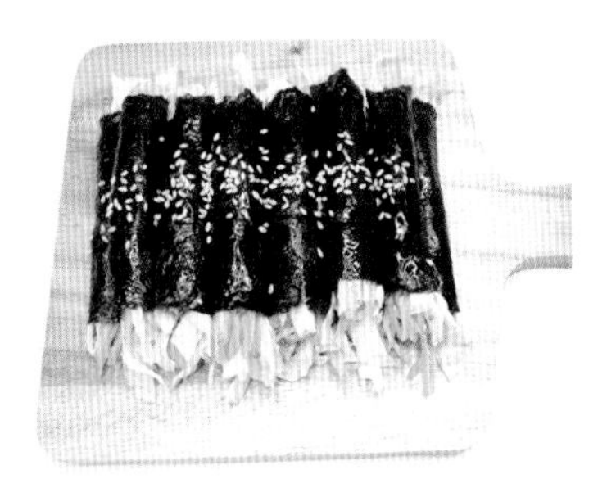

4 **3**에 참기름을 바르고 참깨를 뿌려서 완성합니다. **1**에서 만든 겨자소스를 곁들여주세요.

조리도구

가스레인지

재료 1인분

초밥용 생연어 … 6점
콜리플라워 … 1/2개
달걀 … 2개
소금 … 조금
양파 … 1/4개 (토핑용)
무순 … 조금
와사비 … 조금
케이퍼 … 조금
올리브오일 … 조금

홀스래디시소스

양파 … 1/8개
아보카도 마요네즈 … 2숟가락
레몬즙 … 1/2숟가락
에리스리톨 … 1숟가락
와사비 … 조금
소금 … 조금
후춧가루 … 조금
파슬리가루 … 조금

만드는 법
유튜브 보기

1 양파를 다진 다음 그릇에 홀스래디시소스 재료를 모두 넣고 소스를 만들어주세요.

TIP 양파는 살짝 씹히는 느낌이 있게 적당한 크기로 다져주세요. 양파 맛을 좋아한다면 양을 2배로 늘려도 괜찮아요.

2 그릇에 다진 콜리플라워, 달걀, 소금을 넣고 잘 섞어주세요. 프라이팬에 올리브오일을 두르고 섞어둔 달걀물을 넣어 중간 불에서 익힌 뒤 뒤집어 바로 불을 끄고서 잔열로 뒷부분을 익혀주세요.

TIP 저는 냉동 다진 콜리플라워를 사용했어요. 100g은 12숟가락 정도입니다.

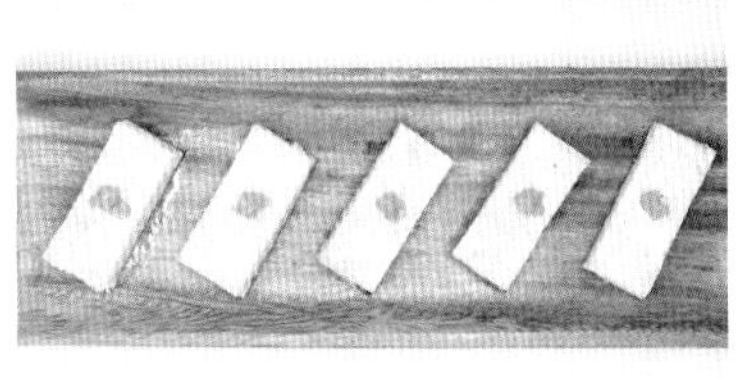

3 **2**가 한 김 식으면 연어 조각과 비슷한 크기로 자르고 그 위에 와사비를 조금씩 짜서 올려주세요.

TIP 달걀은 식은 후 잘라야 깔끔하게 잘려요.

4 접시에 **3**을 올린 뒤 초밥용 생연어를 올리고 슬라이스한 양파, 무순, **1**의 홀스래디시소스, 케이퍼를 올려서 완성해주세요.

TIP 남은 홀스래디시소스에 초밥을 찍어 먹어도 맛있어요.

조리도구

가스레인지

재료 1인분

두부 … 1/2모
모차렐라치즈 … 50g
달걀 … 2개
에리스리톨 … 1숟가락
소금 … 조금
파슬리가루 … 조금
크러시드 레드페퍼 … 조금
올리브오일 … 조금

만드는 법
유튜브 보기

1 두부의 물기를 키친타월로 충분히 제거합니다. 그릇에 으깬 두부와 모차렐라치즈를 담고 전자레인지에 1분 30초 동안 돌린 뒤 잘 섞어주세요.

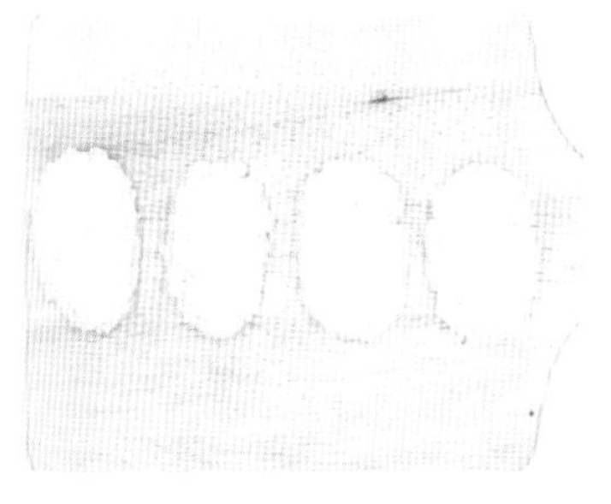

2 **1**을 4등분한 다음 한 입 크기의 초밥 모양으로 만들어주세요.

TIP 1에서 두부 물기를 충분히 제거해야 모양이 잘 잡힙니다.

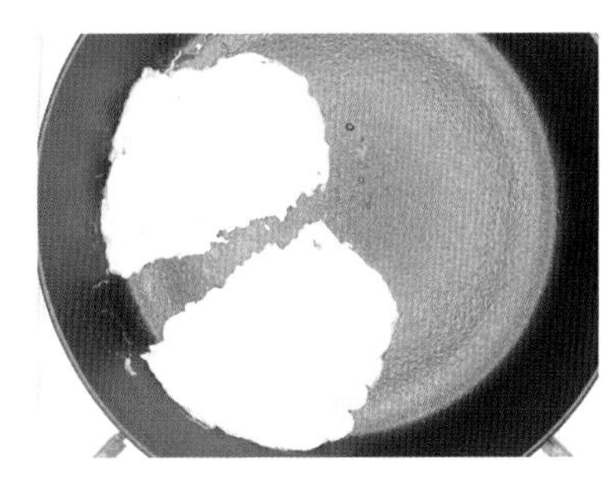

3 프라이팬에 올리브오일을 두르고 달걀, 에리스리톨, 소금을 넣어 스크램블에그를 만들 듯 두툼하게 지단을 부친 다음 4조각으로 나눠주세요.

TIP 그릇에 재료를 넣고 달걀물을 만든 뒤 팬에 부어도 좋아요. 전 작은 팬을 사용하느라 두 번으로 나눠 스크램블 4조각을 만들었어요.

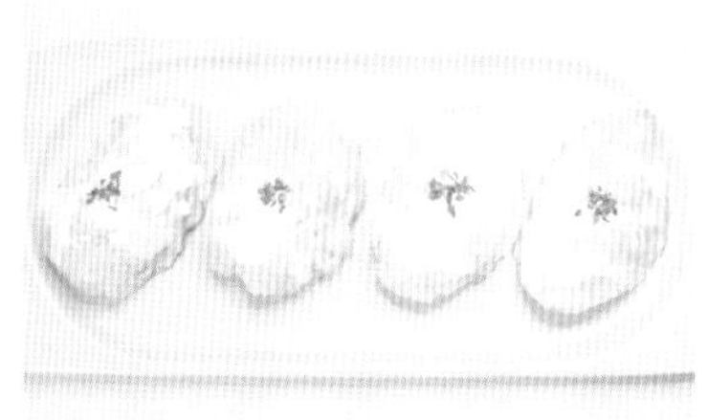

4 **2**의 두부 위에 **3**의 달걀을 올린 다음 파슬리가루와 크러시드 레드페퍼를 올려 완성해주세요.

TIP 스리라차소스에 찍어서 먹으면 맛있어요.

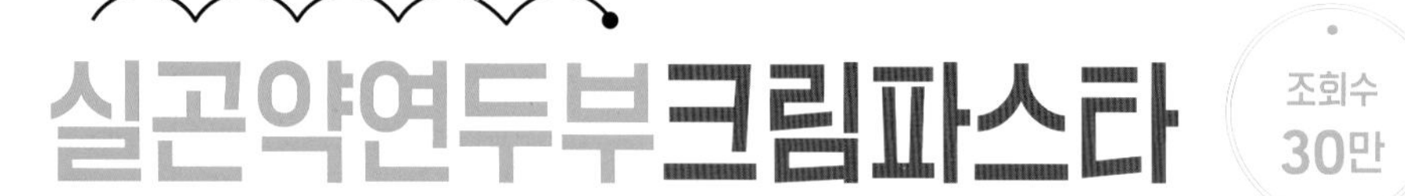

조회수
30만

조리도구

가스레인지

재료 1인분

연두부 … 1팩
실곤약 … 200g
칵테일새우 … 5마리
베이컨 … 3줄
양파 … 1/4개
다진 마늘 … 1숟가락
아몬드밀크(무설탕) … 1팩
체더치즈 … 1장
달걀노른자 … 1개
소금 … 조금
후춧가루 … 조금
파슬리가루 … 조금
크러시드 레드페퍼 … 조금
올리브오일 … 1숟가락

만드는 법
유튜브 보기

1 프라이팬에 올리브오일을 두른 뒤 깨끗히 씻어 물기를 뺀 실곤약, 새우, 2×4cm 크기로 썬 베이컨, 1cm 두께로 길게 썬 양파, 다진 마늘을 넣고 볶아주세요. 센 불에서 양파가 투명해질 정도로 볶습니다.

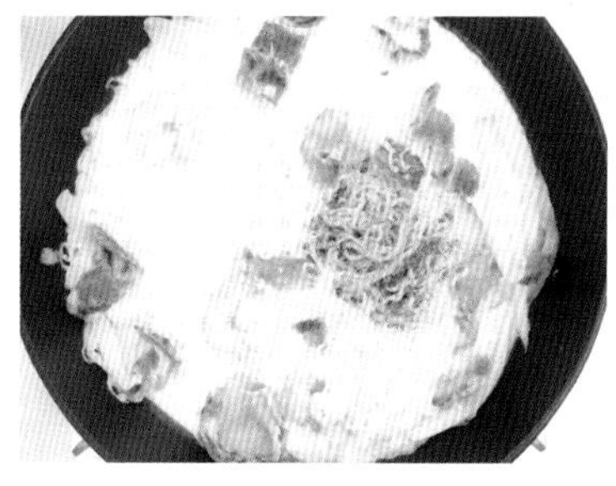

2 **1**에 아몬드밀크를 넣고 소금, 후춧가루로 간을 맞춰주세요.

TIP 졸았을 때를 생각해서 살짝 싱겁게 간을 맞춰주세요. 아몬드밀크 대신 우유 생크림을 사용해도 괜찮습니다.

3 **2**의 국물이 자박자박 졸아들면 연두부와 체더치즈를 넣고 섞은 뒤 국물을 조금 더 졸여주세요.

TIP 국물이 많으면 싱거워서 맛이 없어요. 걸쭉해질 때까지 졸여주세요. 사용한 연두부는 1팩에 125g 정도입니다.

4 **3**을 접시에 담고 달걀노른자, 파슬리가루, 크러시드 레드페퍼를 뿌린 다음 비벼 먹습니다.

++TIP

● 키토 다이어트를 하는 경우에는 유당이 들어 있는 우유는 피하는 게 좋아요. 대신 아몬드밀크나 생크림을 사용해 주세요.

조리도구

가스레인지

재료 1인분

칵테일새우 … 8마리
실곤약(가는 면) … 200g
양파 … 1/8개
다진 마늘 … 1숟가락
에리스리톨 … 1숟가락
고춧가루 … 1숟가락
스리라차소스 … 2숟가락
간장 … 1숟가락
알룰로스 … 1숟가락
청양고추 … 조금
올리브오일 … 1숟가락

만드는 법 유튜브 보기

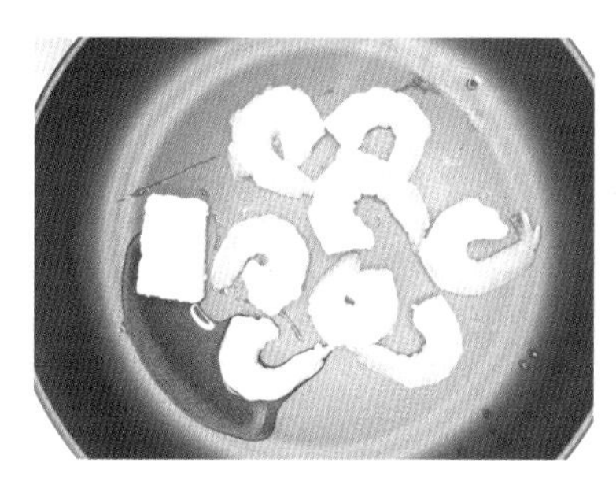

1 프라이팬에 올리브오일을 두르고 다진 마늘과 물기를 제거한 새우를 넣고 볶아주세요.

TIP 새우에 물기가 많으면 볶을 때 기름이 튀어요. 키친타월을 이용해 물기를 잘 제거한 후 사용해주세요. 마늘은 쉽게 타므로 불 조절에 신경써 주세요.

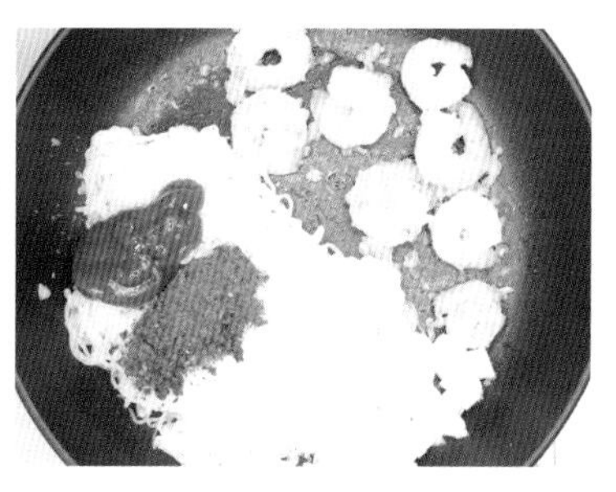

2 **1**의 새우를 옆으로 밀어놓은 다음 양파를 사방 1cm 크기로 잘라서 넣고, 깨끗이 씻어 물기를 뺀 실곤약, 에리스리톨, 고춧가루, 스리라차소스를 넣어 양파가 투명해질 때까지 볶아주세요.

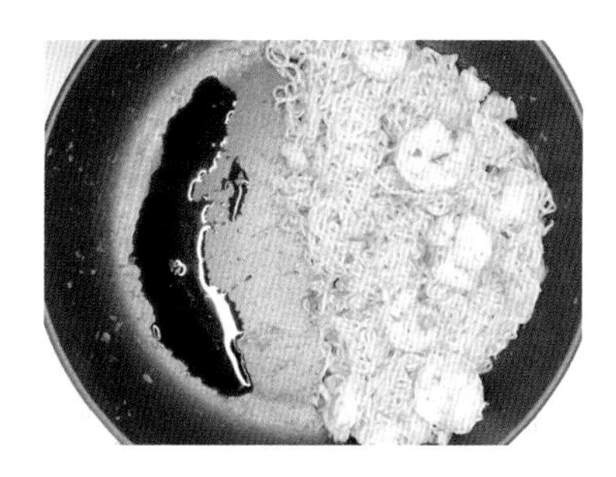

3 **2**를 옆으로 밀어놓고 간장을 넣어 프라이팬에 살짝 눌어붙게 한 다음 **2**와 함께 섞어 한번 더 볶아주세요.

4 불을 끄고 알룰로스를 넣어 잘 섞은 뒤 그릇에 옮겨 담고 청양고추를 작게 잘라 올려 완성해주세요.

TIP 알룰로스 양은 맛을 보고 입맛에 맞게 조절해주세요.

조리도구

가스레인지

재료 1인분

실곤약 … 150g
두부 … 1/2모
닭가슴살 … 1개
물 … 1/3컵
대파 … 30g
다진 마늘 … 1숟가락
에리스리톨 … 1숟가락
고춧가루 … 1숟가락
간장 … 3숟가락
후춧가루 … 조금
참기름 … 조금
참깨 … 조금
쪽파 … 조금
올리브오일 … 1숟가락

만드는 법 유튜브 보기

1 프라이팬에 올리브오일을 두르고 닭가슴살, 송송 썬 대파, 다진 마늘을 넣어 볶은 후 닭가슴살이 익으면 먹기 좋은 크기로 잘라주세요.

TIP 마늘이 타면 쓴맛이 나므로 불 조절에 신경써 주세요.

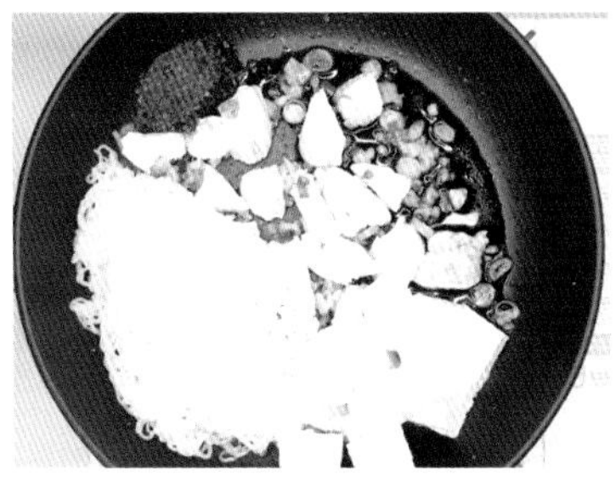

2 1에 에리스리톨, 고춧가루, 간장, 실곤약, 깍둑썰기 한 두부를 넣고 볶다가 분량의 물을 넣고 양념을 풀어가면서 물이 없어질 때까지 졸여주세요.

TIP 깍둑썰기 한 두부 중 3조각 정도는 으깨서 볶으면 양념이 배서 더 맛있어요.

3 불을 끄고 후춧가루, 참기름, 참깨를 넣고 잘 섞어주세요.

4 접시에 옮겨 담고 송송 썬 쪽파를 올려 완성해주세요.

실곤약샐러드비빔국수

조회수
26만

조리도구

조리도구 없음

재료 1인분

실곤약 … 200g
샐러드 채소 … 200g
삶은 달걀 … 1/2개
김가루 … 조금

양념장

다진 마늘 … 1/2숟가락
고춧가루 … 1/2숟가락
에리스리톨 … 1숟가락
식초 … 1숟가락
간장 … 1숟가락
스리라차소스 … 2숟가락
통깨 … 조금
참기름 … 조금

만드는 법
유튜브 보기

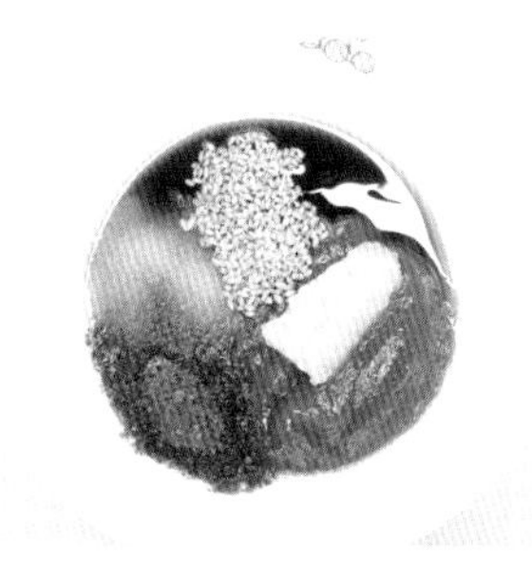

1 그릇에 양념장 재료를 모두 넣고 잘 섞어 양념장을 만들어주세요.

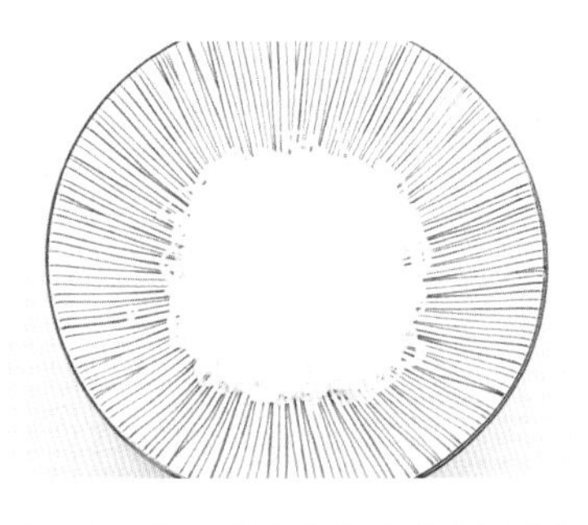

2 실곤약은 깨끗하게 씻어서 물기를 충분하게 빼고 그릇에 담아주세요.

TIP 실곤약 특유의 냄새가 싫다면 끓는 물에 식초를 넣고 데쳐서 사용하면 좋아요.

3 샐러드 채소는 깨끗한 물에 씻은 후 물기를 충분히 뺀 뒤 **2** 위에 올려주세요.

4 **3** 위에 삶은 달걀, 김가루, **1**의 양념장을 올려 비벼서 드세요.

TIP 크러시드 레드페퍼를 조금 곁들여도 맛있어요.

조리도구

가스레인지

재료 1인분

토마토 … 1개
달걀 … 2개
팽이버섯 … 1/2봉지
물 … 1컵
다진 마늘 … 1숟가락
참치액 … 1숟가락
소금 … 조금
후춧가루 … 조금
올리브오일 … 1숟가락

만드는 법 유튜브 보기

1 그릇에 달걀 1개를 넣고 푼 뒤 전자레인지 받침 위에 올린 종이포일에 얇게 펼쳐서 1분 30초간 돌려 달걀지단을 만듭니다. 완성된 달걀지단은 동그랗게 말아서 가위로 0.5cm 두께로 잘라 준비해두세요.

TIP 프라이팬을 이용해 달걀지단을 만들어도 괜찮아요.

2 프라이팬에 올리브오일을 두르고 한 입 크기로 썬 토마토, 적당히 찢어 반으로 자른 팽이버섯, 다진 마늘, 소금을 넣고 팽이버섯의 숨이 죽을 때까지 볶아주세요.

3 **2**에 분량의 물, 참치액을 넣고 물이 끓으면 달걀 1개를 넣어 젓가락으로 저어서 달걀을 풀어주세요.

TIP 달걀을 넣기 전에 토마토를 숟가락으로 한 입 크기로 조각내면 먹기 더 편합니다. 이 과정에서 껍질이 자연스럽게 벗겨지니 그냥 먹어도 좋고 건져 내도 좋아요.

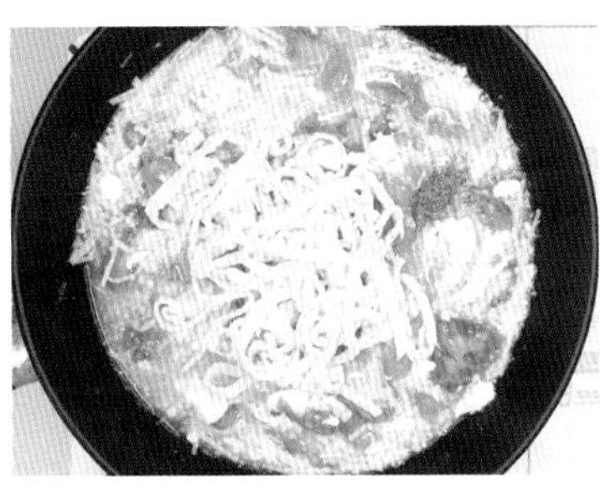

4 **1**에서 만들어둔 달걀지단을 **3**에 넣고 후춧가루를 뿌려 마무리해주세요.

감자연어롤

조리도구

조리도구 없음

재료 1인분

생연어 … 180g
감자 … 1개
체더치즈 … 1장
파슬리가루 … 조금
크러시드 레드페퍼 … 조금

소스

양파 … 1/4개
청양고추 … 1/2개
요거트(무설탕) … 4숟가락
알룰로스 … 2숟가락
와사비 … 조금
소금 … 조금
후춧가루 … 조금

만드는 법
유튜브 보기

1 채소다지기에 양파와 청양고추를 넣고 다진 뒤 요거트, 알룰로스, 와사비, 소금, 후춧가루를 넣고 잘 섞어주세요.

TIP 양파와 청양고추는 너무 곱지 않게 다져주세요. 사방 1cm 정도 크기로 잘라야 씹는 맛이 있어요. 매운 걸 못 먹을 땐 청양고추 대신 풋고추를 사용해주세요.

2 감자를 삶아서 그릇에 넣고 으깬 다음 **1**에서 만든 소스를 3숟가락 넣어 섞어주세요.

3 연어를 0.5cm 두께로 잘라 종이 포일 위에 서로 살짝 겹쳐 올립니다. 그 위에 **2**의 감자를 모두 올린 뒤 체더치즈를 올리고 돌돌 말아주세요.

4 **3** 위에 **1**의 소스 남은 것을 뿌리고 파슬리가루, 크러시드 레드페퍼를 올려 완성해주세요.

TIP 소스를 듬뿍 곁들여 먹으면 더 맛있어요.

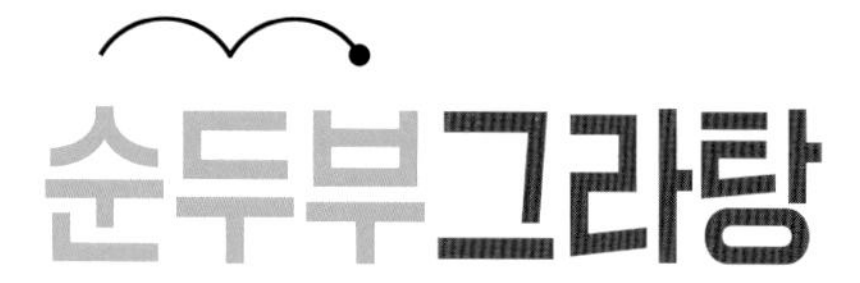

조회수
195만

조리도구

전자레인지

재료 1인분

순두부 … 1/2팩
양파 … 1/4개
새송이버섯 … 1/3개
닭가슴살소시지 … 1/2개
달걀 … 1개
모차렐라치즈 … 30g
스리라차소스 … 조금
소금 … 조금
파슬리가루 … 조금

소스

다진 마늘 … 1숟가락
스리라차소스 … 1½숟가락
알룰로스 … 1/3숟가락

만드는 법 유튜브 보기

1 순두부 1/2팩을 6등분해 전자레인지 용기에 넣고 스리라차소스를 사진과 같이 3바퀴 둘러주세요.

2 양파, 새송이버섯, 닭가슴살소시지를 한 입 크기로 잘라서 **1**에 올려주세요.

3 그릇에 소스 재료를 넣고 잘 섞어서 소스를 만들어주세요.

TIP 매운 음식을 잘 못 먹는다면 스리라차소스 대신 토마토소스를 사용해주세요. 이때는 소금을 조금 더 추가해야 간이 맞습니다.

4 **2**에 **3**의 소스를 붓고, 달걀과 소금을 넣은 뒤 젓가락으로 노른자에 구멍을 뚫어주세요. 여기에 모차렐라치즈를 뿌려서 전자레인지에서 8분간 돌린 뒤 파슬리가루를 뿌리면 완성입니다.

TIP 달걀을 완벽하게 익히고 싶다면 뚜껑을 덮고 전자레인지에 돌려주세요. 파슬리가루를 뿌리면 색감이 더 살아나지만 생략해도 됩니다.

오트밀삼계죽

조회수 41만

조리도구

가스레인지

재료 2인분

닭가슴살 … 1개
오트밀 … 8숟가락
달걀 … 2개
감자 … 1/2개
애호박 … 1/4개
양파 … 1/2개
팽이버섯 … 1/2봉지
마늘 … 10알
물 … 4컵
쪽파 … 조금
소금 … 조금
후춧가루 … 조금

만드는 법 유튜브 보기

1 감자, 애호박, 양파는 사방 1cm 크기로 깍둑썰기 하고, 팽이버섯은 2cm 길이로 썰고, 마늘은 꼭지를 제거해 준비해주세요.

TIP 감자는 100g 정도 사용하면 적당합니다.

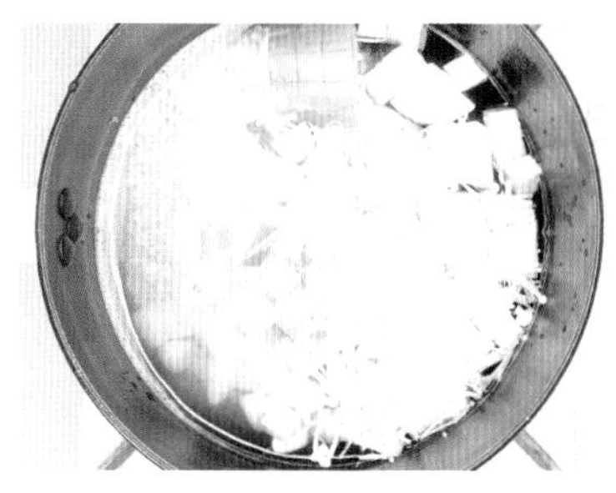

2 냄비에 분량의 물을 넣고 먹기 좋은 크기로 자른 닭가슴살, 오트밀, **1**에서 준비한 감자, 애호박, 양파, 팽이버섯, 마늘을 넣고 끓여주세요.

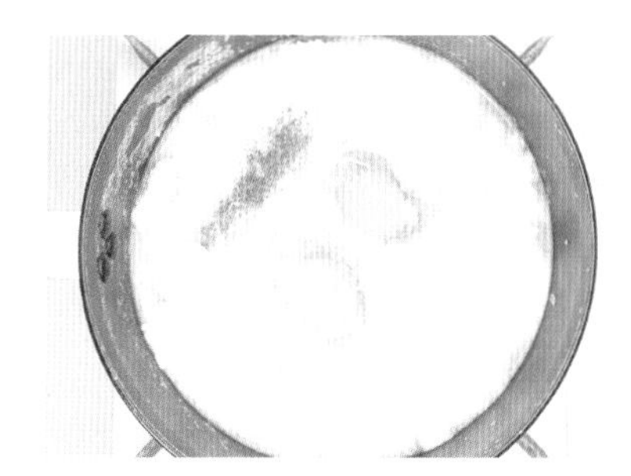

3 **2**에 소금과 후춧가루를 조금 뿌리고 달걀을 넣고 슬쩍슬쩍 풀어주면서 죽 느낌이 날 때까지 끓여주세요.

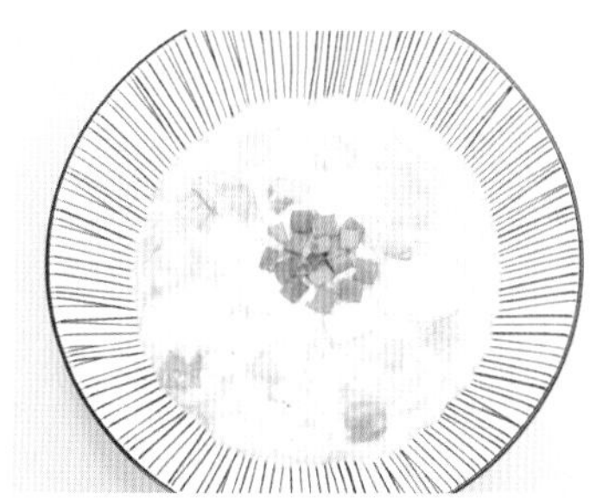

4 그릇에 죽을 담은 후 송송 썬 쪽파를 올려서 완성해주세요.

조회수
32만

조리도구

가스레인지

재료 1인분

양배추 … 130g
오트밀 … 5숟가락
달걀 … 1개
게맛살 … 2개
쪽파 … 조금
물 … 2컵
다진 마늘 … 1숟가락
참치액 … 1숟가락
후춧가루 … 조금
참깨 … 조금
참기름 … 조금

만드는 법
유튜브 보기

1 냄비에 잘게 다진 양배추와 오트밀, 다진 마늘, 분량의 물을 넣고 센 불에서 끓여주세요.

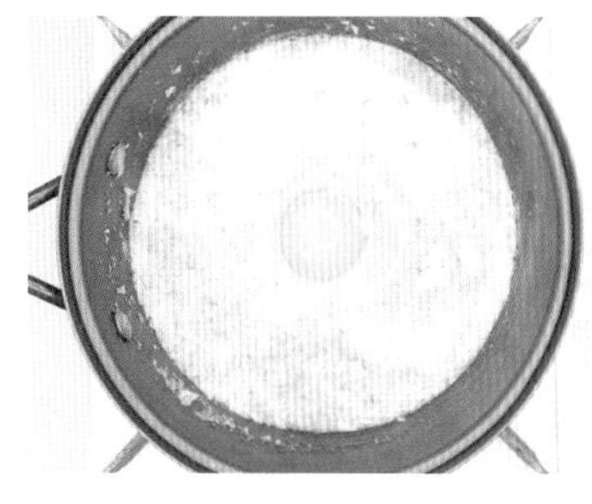

2 **1**이 끓으면 달걀을 넣어 푼 다음 참치액을 넣어주세요.

3 불을 끄고 후춧가루, 참깨, 참기름, 게맛살을 넣고 섞어주세요.

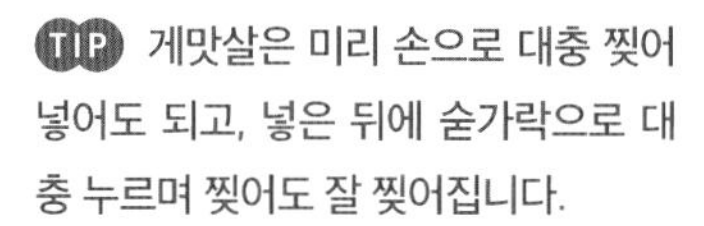
TIP 게맛살은 미리 손으로 대충 찢어 넣어도 되고, 넣은 뒤에 숟가락으로 대충 누르며 찢어도 잘 찢어집니다.

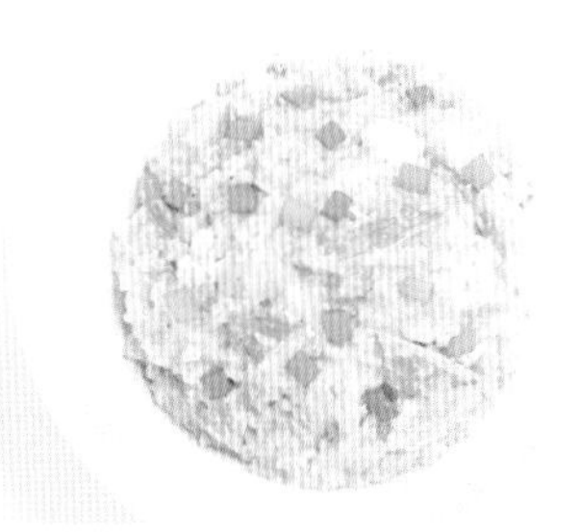

4 그릇에 죽을 담고 송송 썬 쪽파를 올려 완성해주세요.

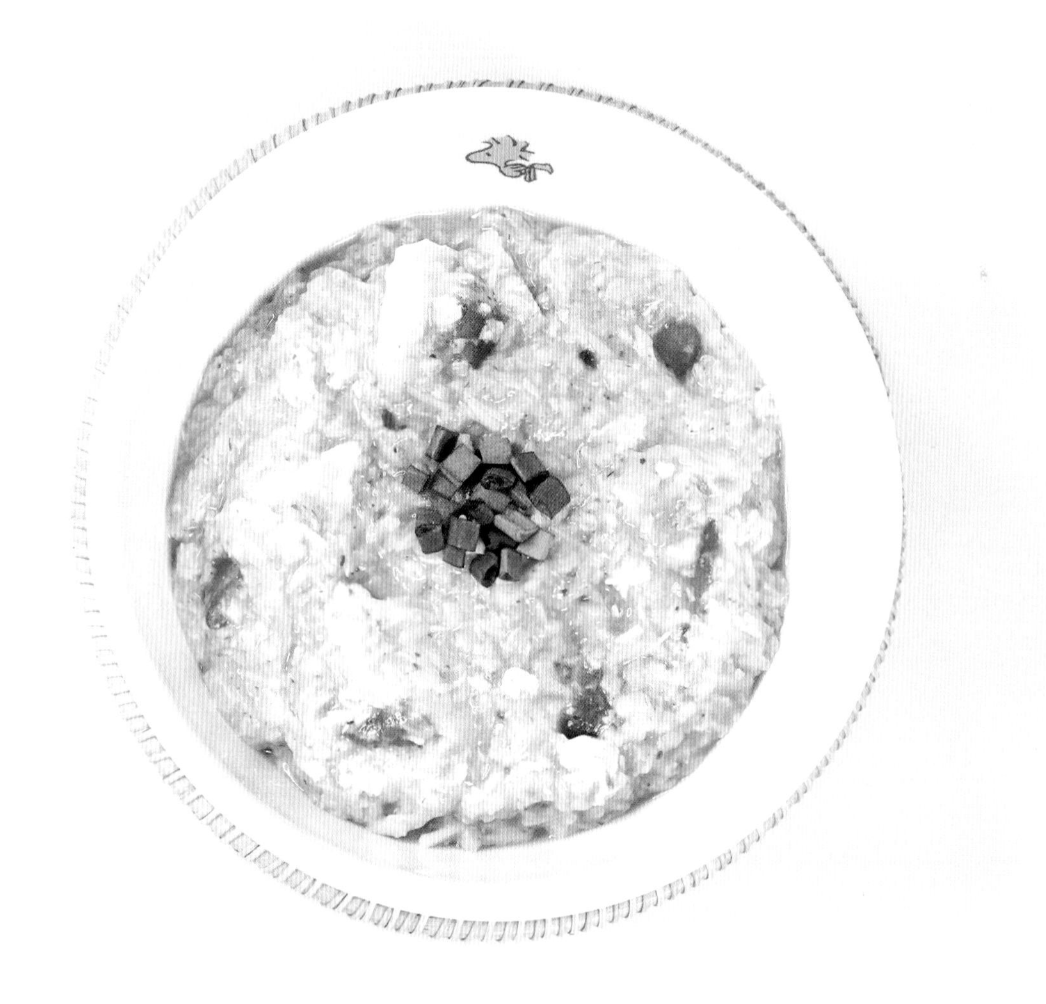

조리도구

가스레인지

재료 2인분

팽이버섯 … 1봉지
양파 … 1/2개
달걀 … 1개
오트밀 … 6숟가락
청양고추 … 1개
물 … 2½컵
다진 마늘 … 1/2숟가락
된장 … 1숟가락
쪽파 … 조금

만드는 법
유튜브 보기

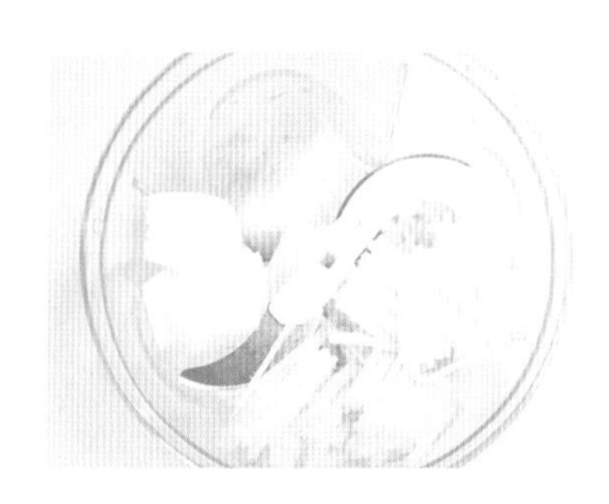

1 채소다지기에 팽이버섯과 양파를 넣고 다집니다.

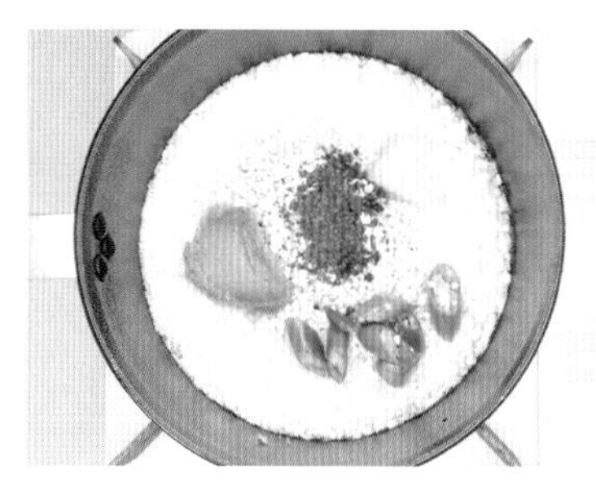

2 냄비에 **1**을 넣고 분량의 물, 오트밀, 청양고추, 다진 마늘, 된장을 넣은 뒤 센 불에서 끓여주세요.

TIP 저는 시판 된장을 사용했어요. 집된장을 쓰면 간이 달라지니 맛을 보며 조금씩 넣어주세요.

3 **2**가 끓으면 달걀을 넣고 숟가락으로 슬쩍슬쩍 펼치며 달걀을 익혀주세요. 수분이 날아가 걸쭉해질 때까지 끓여줍니다.

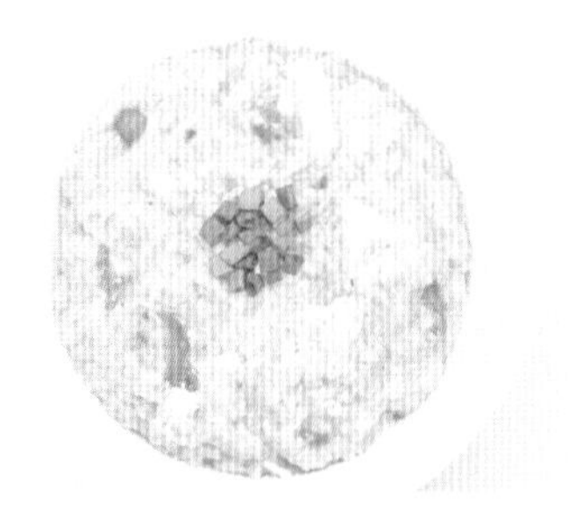

4 그릇에 옮겨 담고 쪽파를 썰어 올려 완성합니다.

새송이버섯새우볶음

토마토두부조림

닭가슴살깐풍기

두부미역동그랑땡

오트밀참치동그랑땡

고구마품은닭가슴살구이

돼지고기숙주전

깻잎육전

참치숙주전

팽이버섯치즈전

순두부전

감자명란전

모차렐라치즈두부말이

닭발볶음

으깬감자카레

제육볶음

감자품은라이스페이퍼

샐러드게맛살월남쌈

애호박치즈말이

깻잎라이스페이퍼말이

상추팽이버섯달걀말이

한입두부달걀말이

두부버섯들깨탕

3장

색다르게
먹는,

일품
요리

새송이버섯새우볶음

조리도구

가스레인지

재료 1인분

칵테일새우 … 5마리
새송이버섯 … 2개
청양고추 … 1개
다진 마늘 … 2숟가락
크러시드 레드페퍼 … 조금
소금 … 조금
후춧가루 … 조금
올리브오일 … 조금

만드는 법
유튜브 보기

1 새송이버섯을 0.5cm 두께로 잘라서 준비해주세요.

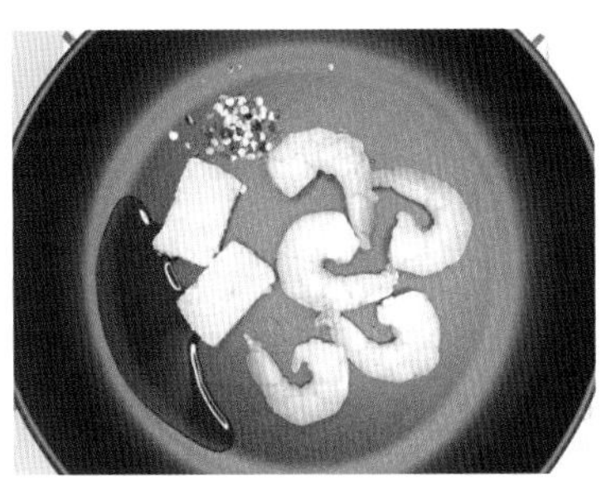

2 프라이팬에 올리브오일을 두른 뒤 씻어서 물기를 제거한 새우, 다진 마늘, 크러시드 레드페퍼를 넣고 볶아주세요.

TIP 마늘과 크러시드 레드페퍼가 타면 쓴맛이 나기 때문에 불 조절에 신경 써야 해요. 새우만 먼저 볶아 익힌 다음 다진 마늘과 크러시드 레드페퍼를 넣고 마늘이 노릇해질 때까지 볶는 방법도 있어요.

3 **2**에 썰어놓은 새송이버섯, 어슷하게 썬 청양고추, 소금을 넣고 버섯 숨이 죽을 때까지 볶다가 마지막에 후춧가루를 조금 뿌려 마무리합니다.

TIP 매운 고추를 못 먹는다면 청양고추 대신 풋고추를 사용해도 괜찮아요.

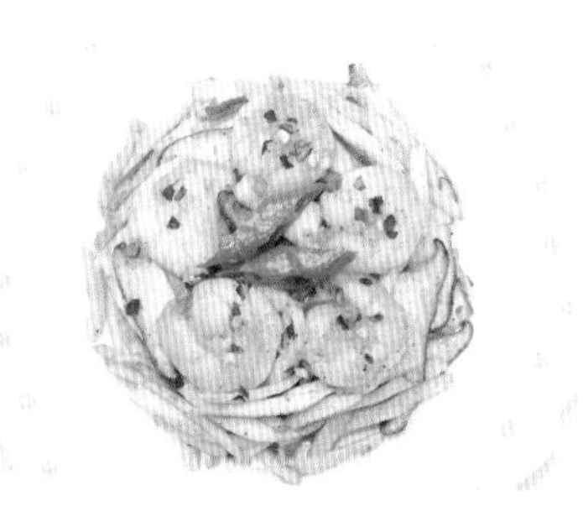

4 **3**을 접시에 옮겨 담고 크러시드 레드페퍼를 뿌려 완성해주세요.

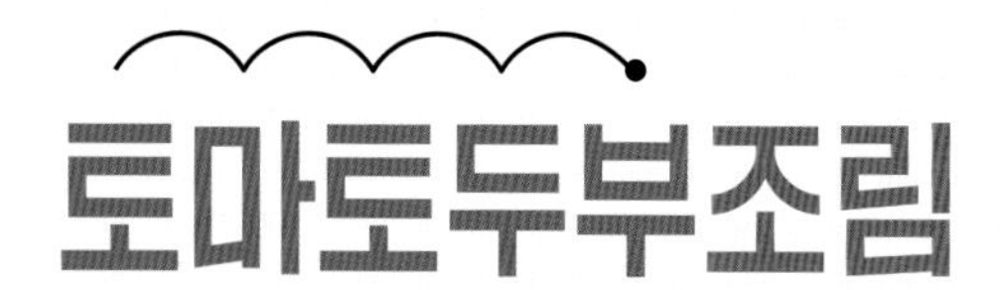

조리도구

가스레인지

재료 1인분

두부 … 1/2모(150g)
토마토 … 1개
달걀 … 1개
다진 마늘 … 1숟가락
된장 … 1숟가락
간장 … 1숟가락
고춧가루 … 1숟가락
에리스리톨 … 1숟가락
물 … 1컵
파슬리가루 … 조금
올리브오일 … 조금

오트밀밥 (전자레인지 3분)

오트밀 … 6숟가락
물 … 10숟가락

만드는 법
유튜브 보기

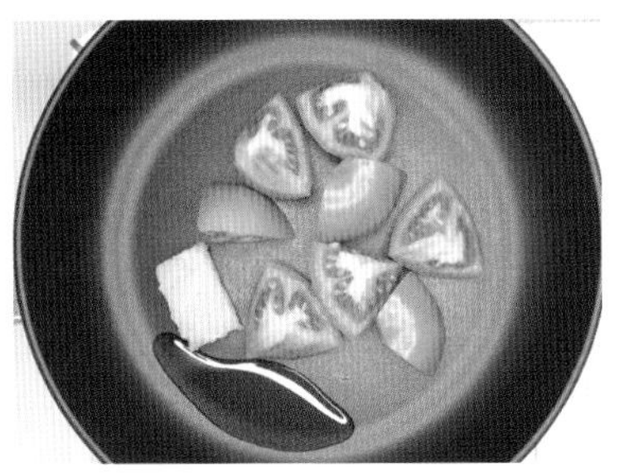

1 프라이팬에 올리브오일을 두르고 8등분한 토마토와 다진 마늘을 넣고 중간 불에서 볶아주세요. 이때 토마토를 숟가락으로 잘게 자르면서 볶습니다.

TIP 마늘이 타지 않게 불 조절에 신경 써주세요. 불 조절이 힘들다면 토마토를 먼저 한번 볶은 뒤 다진 마늘을 넣고 마늘이 노릇해질 때까지 볶아주세요.

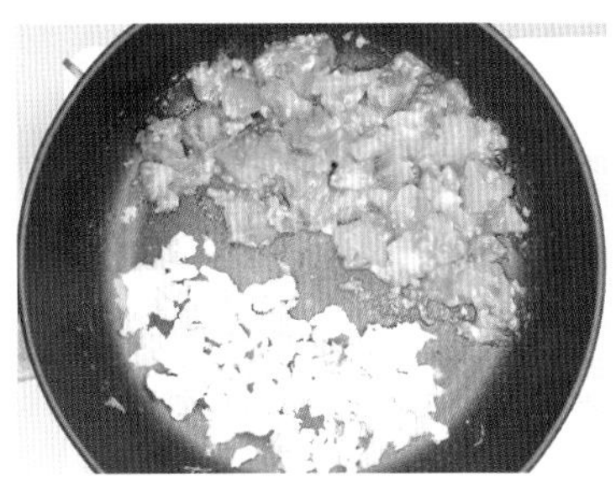

2 **1**의 볶은 토마토를 옆으로 밀어놓고 남은 공간에 올리브오일을 살짝 두른 후 달걀을 넣어 스크램블에그를 만들어주세요.

3 **2**에 된장, 간장, 고춧가루, 에리스리톨을 넣고 양념이 살짝 눌어붙을 때까지 볶아주세요.

4 **3**에 분량의 물을 넣고 섞어준 뒤 두부를 6등분해서 넣고 양념이 잘 배도록 자박하게 졸입니다. 그릇에 옮겨 담고 파슬리가루를 뿌려서 오트밀밥과 함께 내세요.

TIP 끓으면서 토마토 껍질이 자연스럽게 벗겨지므로 먹을 때 거슬릴 것 같으면 꺼내서 버려주세요. 미리 토마토를 삶아서 껍질을 벗긴 후 사용하거나 홀토마토를 사용해도 좋아요.

++TIP

- 오트밀밥 대신 잡곡밥을 곁들여도 됩니다. 또는 두부 1/2모를 으깨서 전자레인지에 2분간 돌린 후 두부에서 나온 물을 버리고 밥 대신 곁들여도 돼요.

조리도구

가스레인지

재료 1인분

닭가슴살 … 1개
빨간 파프리카 … 40g
노란 파프리카 … 40g
양파 … 1/4개
청양고추 … 1개
다진 마늘 … 1숟가락
에리스리톨 … 1/2숟가락
식초 … 1숟가락
간장 … 1숟가락
굴소스 … 1/2숟가락
스리라차소스 … 1숟가락
후춧가루 … 조금
참깨 … 조금
올리브오일 … 조금

만드는 법
유튜브 보기

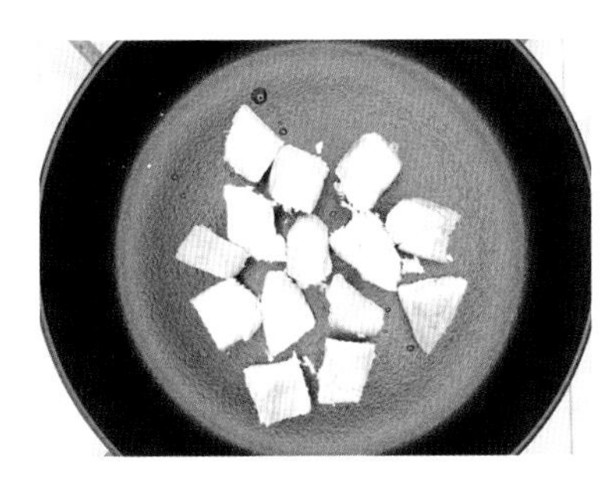

1 프라이팬에 올리브오일을 두르고 닭가슴살을 구워서 한 입 크기(2×2cm)로 잘라주세요.

TIP 닭가슴살 1개는 보통 140g입니다. 익힌 후 가위로 자르면 쉽게 잘려서 편해요.

2 1에 올리브오일을 두르고 닭가슴살 크기와 비슷하게 자른 파프리카, 양파, 청양고추를 넣고 다진 마늘, 에리스리톨, 식초, 간장, 굴소스, 스리라차소스를 넣습니다. 양파가 살짝 투명해질 때까지 볶아주세요.

3 불을 끄고 후춧가루를 뿌린 다음 한번 섞어서 마무리해주세요.

4 그릇에 옮겨 담은 후 참깨를 뿌려 마무리합니다.

조회수
38.7만

조리도구

가스레인지

재료 1인분

불린 미역 … 1컵(60g)
두부 … 1/2모
달걀 … 2개
참치 통조림 … 50g
오트밀 … 3숟가락
굴소스 … 1/2숟가락
올리브오일 … 조금

만드는 법
유튜브 보기

1 채소다지기에 불린 미역, 두부, 달걀, 참치, 오트밀, 굴소스를 넣고 다진 후 숟가락으로 섞어주세요.

TIP 재료들을 다진 뒤 맛을 한번 보고 싱거우면 소금을 넣어 간을 추가하세요.

2 프라이팬에 올리브오일을 두르고 **1**의 반죽을 1숟가락씩 떠서 올린 후 중간 불에서 부쳐주세요.

TIP 중간 불에서 천천히 구워야 속까지 잘 익어서 뒤집을 때 모양이 흐트러지지 않아요.

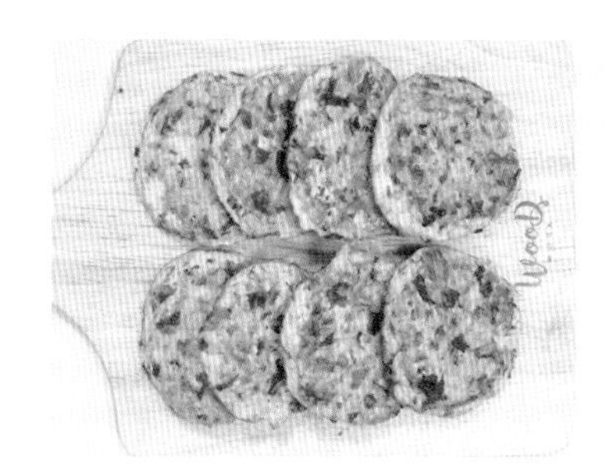

3 잘 익은 **2**의 동그랑땡을 접시에 옮겨 담아주세요.

++TIP

• 미역 불리기

건조 미역을 먹기 편한 크기로 자른 후(손으로 뚝뚝 잘라도 되고 가위로 잘라도 됩니다. 잘려 있는 미역을 사용하면 더 편해요.) 넉넉한 크기의 그릇에 미역을 담고 미역 2배 정도의 물을 부어 충분히 잠기게 합니다. 20분 정도 둔 뒤 체에 밭쳐 물기를 제거하고 사용하세요.

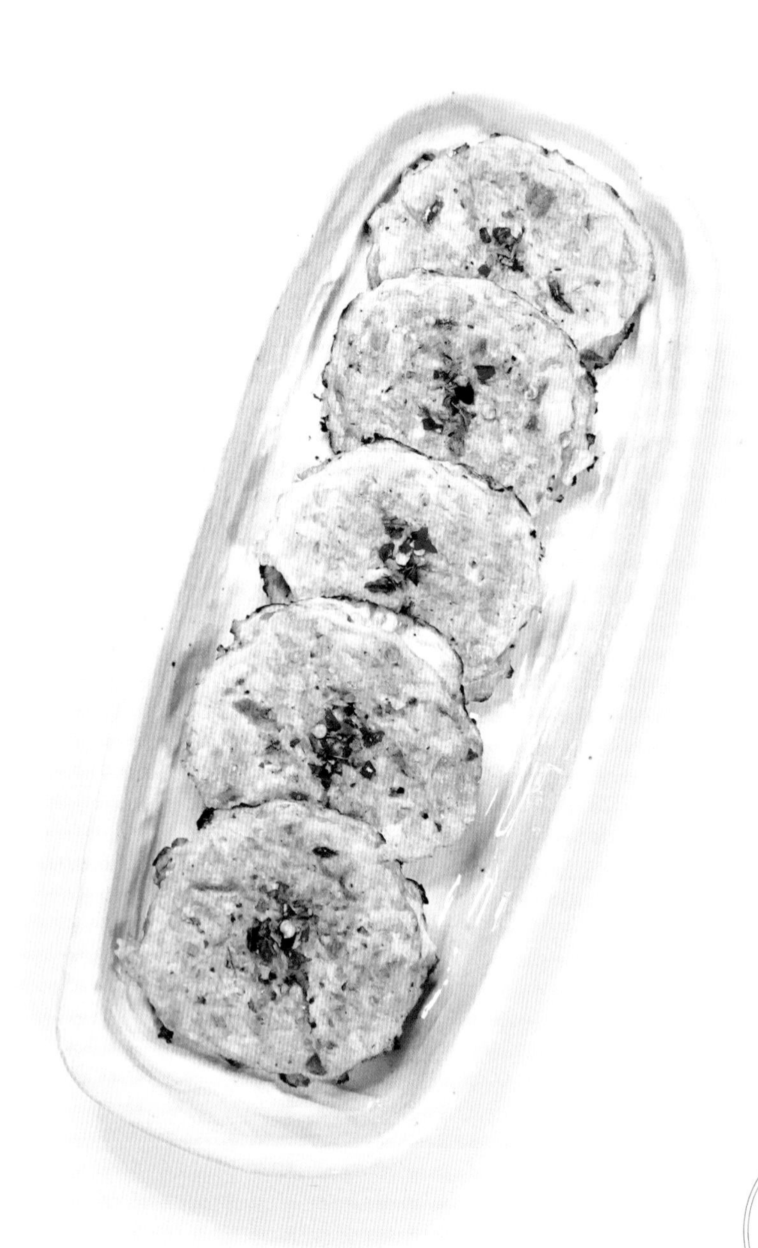

조리도구

가스레인지

재료 5개 분량

두부 … 1/2모
참치 통조림 … 50g
달걀 … 3개
오트밀 … 5숟가락
팽이버섯 … 1/2봉지
애호박 … 1/8개
당근 … 1/8개
양파 … 1/4개
청양고추 … 1개
소금 … 조금
후춧가루 … 조금
파슬리가루 … 조금
크러시드 레드페퍼 … 조금
올리브오일 … 조금

1 채소다지기에 팽이버섯, 애호박, 당근, 양파, 청양고추를 넣고 잘 다져주세요.

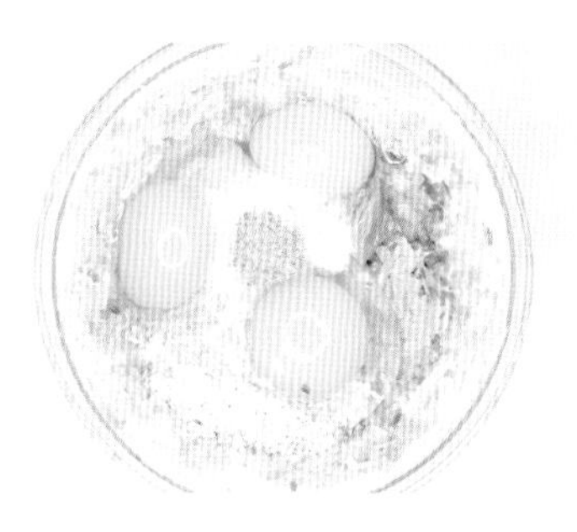

2 참치는 기름을 빼고 두부는 키친타월로 물기를 최대한 제거한 후 그릇에 **1**의 다진 채소와 함께 넣고 두부를 으깨면서 섞어주세요. 여기에 오트밀, 달걀, 소금, 후춧가루를 넣고 잘 섞습니다.

TIP 참치 통조림 50g은 3숟가락 정도 분량입니다.

3 프라이팬에 올리브오일을 두르고 **2**의 반죽을 숟가락으로 떠서 동그랗게 모양을 내서 올린 뒤 잘 구워주세요.

TIP 처음에는 센 불로 굽다가 지글지글 소리가 나면 중간 불로 줄여서 천천히 구워야 안 부서지고 잘 익습니다. 프라이팬 벽 쪽으로 반죽을 밀면서 뒤집으면 쉽게 뒤집혀요.

4 동그랑땡을 접시에 담고 파슬리가루, 크러시드 레드페퍼를 뿌려서 완성해주세요.

TIP 스리라차소스를 찍어서 먹으면 더 맛있어요.

고구마품은닭가슴살구이

조회수
13.1만

조리도구

에어프라이어

재료 1인분

닭가슴살 … 1개
고구마 … 1개
양파 … 10g
체더치즈 … 1장
아몬드밀크(무설탕) … 2숟가락
알룰로스 … 조금
스리라차소스 … 조금
베이킹파우더 … 조금
허브솔트 … 조금
올리브오일 … 1/2숟가락
아보카도오일 … 조금
파슬리가루 … 조금
크러시드 레드페퍼 … 조금

만드는 법
유튜브 보기

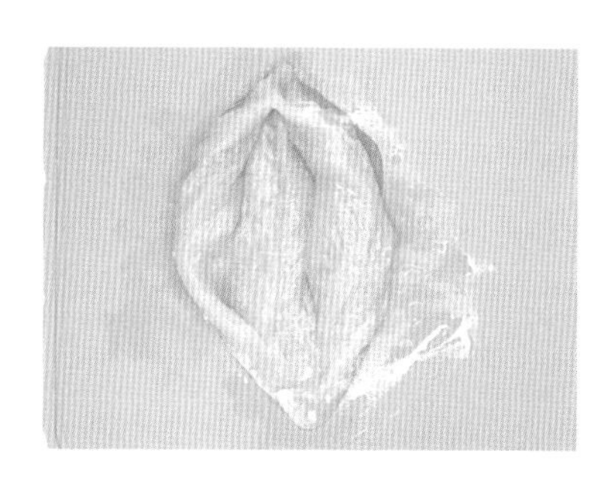

1 닭가슴살 중앙을 칼로 가른 다음 양쪽에 옆으로 저미듯이 칼집을 내주세요.

TIP 가운데를 가를 때는 바닥이 보일 정도로 바짝 자르는 게 아니라 나중에 체더치즈와 양파를 넣을 수 있게 주머니처럼 만들어주세요.

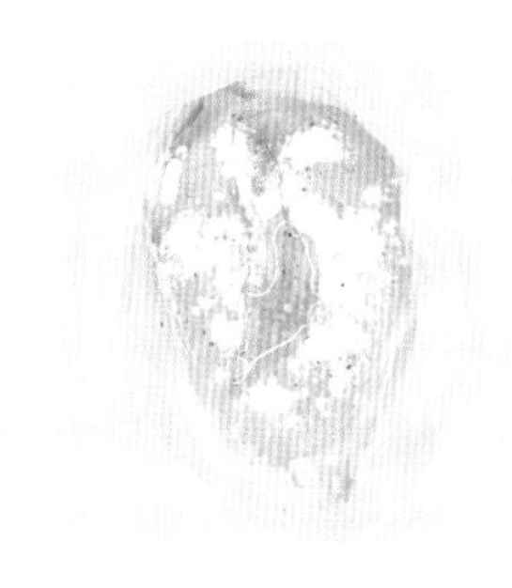

2 위생봉투에 **1**의 닭가슴살과 베이킹파우더, 허브솔트, 올리브오일을 넣은 뒤 잘 주물러주세요.

TIP 베이킹파우더가 닭가슴살을 부드럽게 해줍니다.

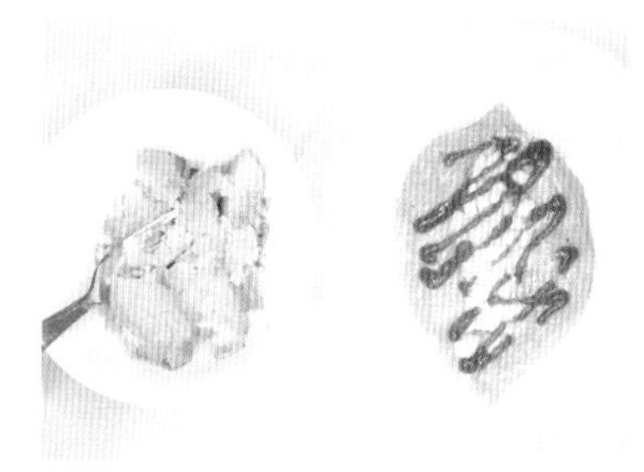

3 양파를 다져놓은 다음 **2**의 양념한 닭가슴살을 종이포일에 올리고 가운데 공간에 반으로 접은 체더치즈와 다진 양파를 올리고 스리라차소스를 뿌립니다. 그릇에 분량의 삶은 고구마와 아몬드밀크, 알룰로스를 넣고 고구마를 으깨면서 섞은 다음 닭가슴살 위에 올려주세요.

TIP 고구마의 당도에 따라 알룰로스 양은 조절해주세요. 고구마가 달면 아예 생략해도 좋습니다.

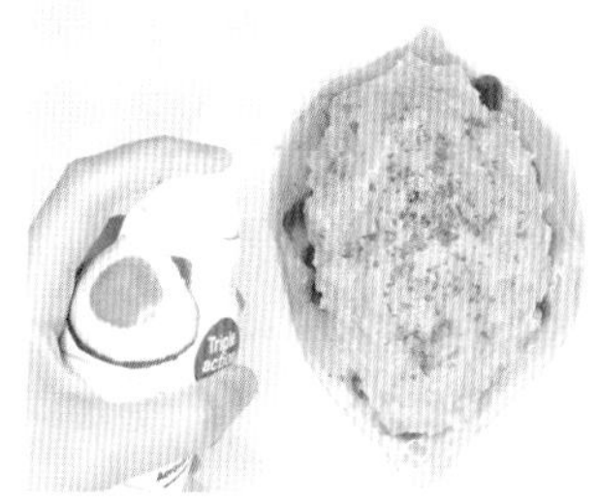

4 **3**에 아보카도오일과 파슬리가루를 뿌립니다. 에어프라이어에 종이포일째로 넣고 180℃에서 20분간 익힌 뒤 접시에 옮겨 담고 크러시드 레드페퍼를 뿌려서 완성해주세요.

TIP 아보카도오일은 뿌리지 않아도 괜찮습니다.

● **고구마 삶기**
냄비에 깨끗하게 씻은 고구마를 넣고 잠길 정도의 물을 부은 뒤 센 불에서 끓이다 끓어오르면 중간 불로 낮춰서 20~30분 정도 더 익힙니다. 고구마 크기에 따라 익는 시간이 다르니 중간중간 젓가락으로 찔러 쑥 들어가는지 확인해주세요.

돼지고기숙주전

조리도구

가스레인지

재료 1인분

돼지고기 뒷다리살 … 100g
숙주 … 85g
달걀 … 1개
양파 … 1/8개
청양고추 … 1개
굴소스 … 1/2숟가락
후춧가루 … 조금
참깨 … 조금
파슬리가루 … 조금
크러시드 레드페퍼 … 조금
올리브오일 … 조금

만드는 법 유튜브 보기

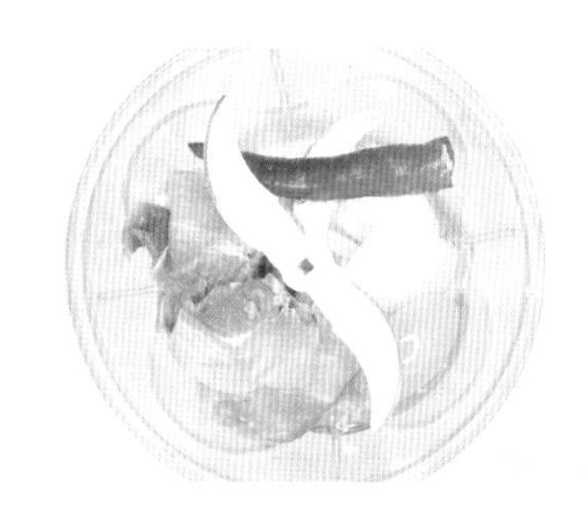

1 채소다지기에 돼지고기 뒷다리살, 달걀, 양파, 청양고추를 넣고 곱게 다져주세요.

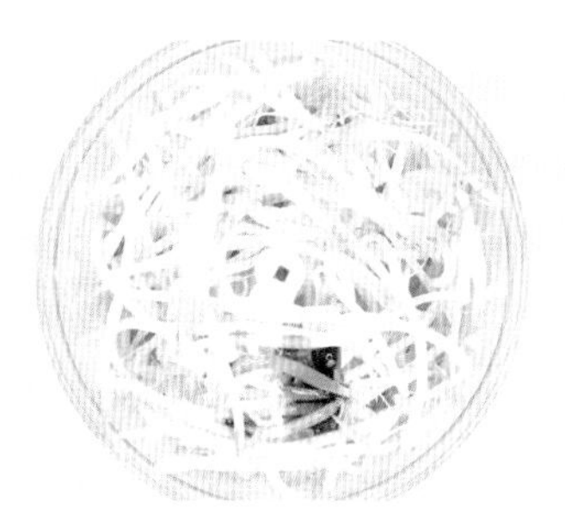

2 **1**에 숙주, 굴소스, 후춧가루를 넣고 너무 곱지 않게 조금만 다진 다음 숟가락으로 한번 섞어주세요.

TIP 숙주 1줌은 85g 정도입니다. 숙주는 가위로 2cm 길이로 잘라서 써도 괜찮아요.

3 프라이팬에 올리브오일을 두르고 **2**의 반죽을 잘 펼친 후 약한 불에서 뚜껑을 덮고 10분 동안 익혀주세요.

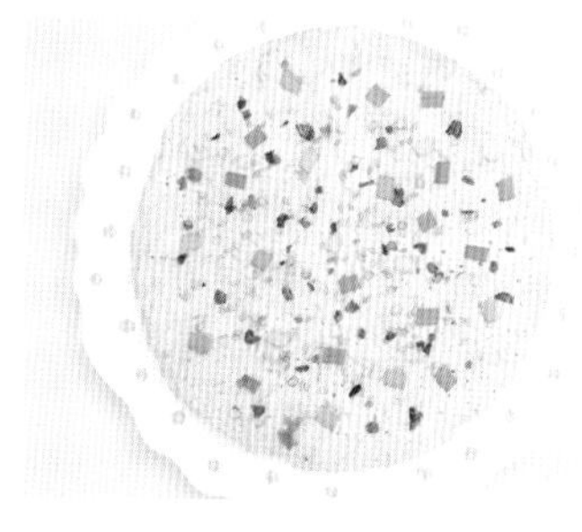

4 **3**에 참깨, 파슬리가루, 크러시드 레드페퍼를 뿌려 완성해주세요.

TIP 크러시드 레드페퍼 대신 고춧가루를 사용해도 괜찮아요.

조리도구

가스레인지

재료 1인분

소고기 홍두깨살 … 120g
깻잎 … 6장
달걀 … 1개
소금 … 조금
후춧가루 … 조금
올리브오일 … 조금

파채무침

대파 … 1/3개
홍고추 … 1/3개
청양고추 … 1/3개
간장 … 1숟가락
식초 … 1숟가락
알룰로스 … 1숟가락
고춧가루 … 1/3숟가락
참깨 … 조금
참기름 … 조금

1 대파는 채 썬 다음 씻어서 물기를 충분히 제거하고 홍고추와 청양고추는 송송 썹니다. 그릇에 썰어놓은 파와 홍고추, 청양고추, 그리고 나머지 파채무침 재료를 넣고 잘 버무려 파채무침을 만들어주세요.

2 깨끗하게 씻어서 물기를 제거한 깻잎 위에 홍두깨살을 1장씩 올리고 소금과 후춧가루를 뿌려 반으로 접어줍니다. 그릇에 달걀, 소금, 후춧가루를 넣고 잘 풀어 달걀물을 만들어주세요.

TIP 홍두깨살은 육전용으로 얇게 썰어 파는 것을 구입하면 편리합니다.

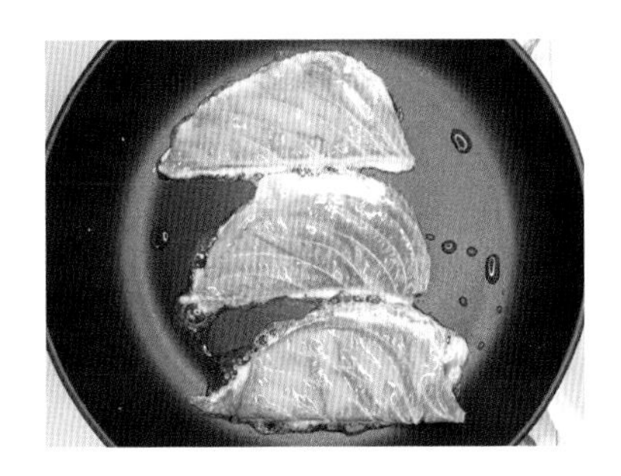

3 프라이팬에 올리브오일을 누른 다음 **2**의 달걀물에 고기를 감싼 깻잎을 담가 달걀옷을 충분히 묻힌 후 구워주세요.

TIP 전 부칠 때는 보통 달걀옷을 입히기 전에 밀가루를 묻히는데 전 생략했어요. 달걀옷만 입혀도 잘 부쳐집니다.

4 접시에 **3**의 깻잎육전을 담고 가운데에 **1**에서 만들어둔 파채무침을 올려 냅니다.

조리도구

가스레인지

재료 1인분

숙주 … 100g
참치 통조림 … 1숟가락
양파 … 1/8개
달걀 … 1개
소금 … 조금
후춧가루 … 조금
스리라차소스 … 조금
파슬리가루 … 조금
올리브오일 … 조금

만드는 법
유튜브 보기

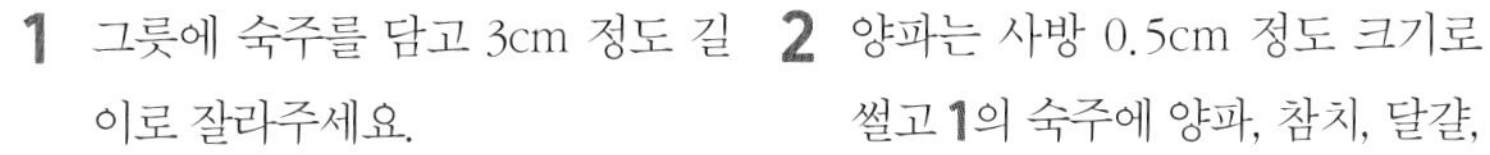

1 그릇에 숙주를 담고 3cm 정도 길이로 잘라주세요.

2 양파는 사방 0.5cm 정도 크기로 썰고 **1**의 숙주에 양파, 참치, 달걀, 소금, 후춧가루를 넣어 잘 섞어주세요.

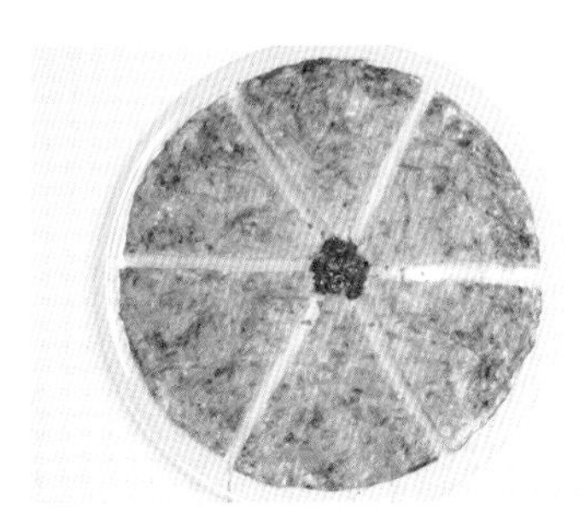

3 프라이팬에 올리브오일을 두르고 **2**의 반죽을 올려 넓게 펼쳐서 구워주세요.

4 **3**을 뒤집어서 뒷면까지 익힌 뒤 접시에 옮겨 담고 가위로 6등분한 뒤 스리라차소스, 파슬리가루를 뿌려 완성합니다.

TIP 파슬리가루는 생략해도 돼요.

조리도구

가스레인지

재료 1인분

팽이버섯 … 100g
모차렐라치즈 … 100g
청양고추 … 1개
파슬리가루 … 조금

만드는 법
유튜브 보기

1 프라이팬에 모차렐라치즈 50g을 넓게 깔고 그 위에 3cm 길이로 자른 팽이버섯을 펼쳐 올려주세요. 그 위에 다시 모차렐라치즈 50g을 펼쳐 올립니다.

TIP 팽이버섯은 씻은 후 물기를 충분히 털어주세요. 모차렐라치즈에서 기름이 충분하게 나오기 때문에 기름은 따로 넣지 않습니다.

2 **1** 위에 길쭉 어슷하게 썬 청양고추 6조각을 올려주세요.

3 **2**의 팬을 센 불에 올리고 지글지글 소리가 나면 약한 불로 줄여서 팽이버섯의 수분이 날아갈 때까지 구워주세요. 테두리가 노릇해지면 뒤집은 다음 센 불로 올린 뒤 뒷면을 살짝 구워주세요.

TIP 처음에는 팽이버섯에서 수분이 나와서 당황할 수 있어요. 그대로 약한 불에 올려두면 수분이 자연스럽게 증발합니다.

4 접시에 옮겨 담고 파슬리가루를 뿌린 후 먹기 편한 크기로 잘라서 완성해주세요.

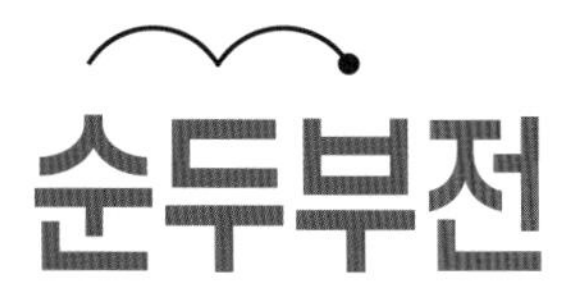

조리도구

전자레인지

재료 1인분

순두부 … 1/2팩

오트밀 반죽

오트밀 … 7숟가락
달걀 … 1개
물 … 5숟가락
소금 … 조금

양념장

청양고추 … 1개
홍고추 … 1/2개
대파 … 조금
간장 … 2숟가락
참깨 … 조금
참기름 … 조금
다진 마늘 … 1숟가락

만드는 법 유튜브 보기

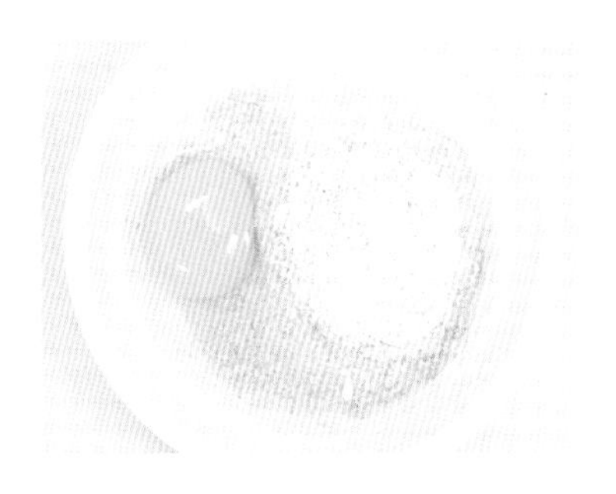

1 그릇에 잘게 썬 청양고추, 홍고추, 대파를 넣고 나머지 양념장 재료를 모두 넣은 후 잘 섞어주세요.

2 오트밀을 믹서에 넣고 적당히 갈아준 다음 그릇에 옮겨 담고 분량의 달걀, 물, 소금을 넣고 오트밀 반죽을 만들어주세요.

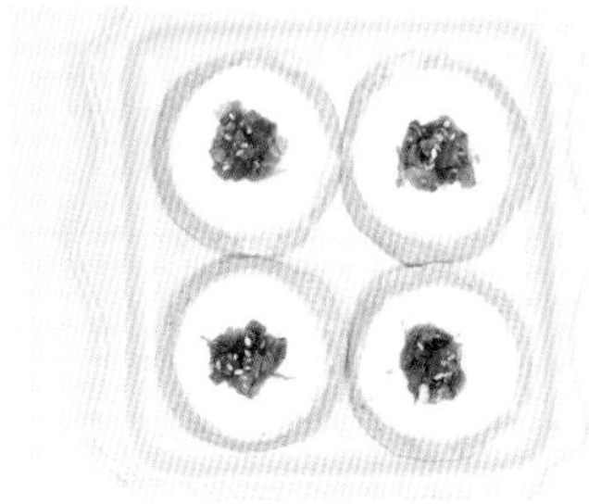

3 전자레인지 받침대에 종이포일을 올리고 **2**의 오트밀반죽을 1숟가락씩 떠서 올린 다음 1cm 두께로 썬 순두부를 1조각씩 올려 전자레인지에 넣고 5분간 돌려주세요.

4 **3**의 순두부 위에 **1**에서 만들어둔 양념장을 올려 완성해주세요.

감자명란전

조리도구

가스레인지

재료 1인분

감자 … 1개
명란젓 … 10g
모차렐라치즈 … 30g
체더치즈 … 1/2장
후춧가루 … 조금
알룰로스 … 1숟가락
파슬리가루 … 조금
올리브오일 … 조금

만드는 법
유튜브 보기

1 감자는 채 썰어 후춧가루를 뿌려 섞어둡니다. 프라이팬에 올리브오일을 두르고 채 썬 감자를 올려 평평하게 펼친 뒤 뚜껑을 덮고 중간 불에서 부쳐주세요.

TIP 감자는 채칼을 이용해 가능한 한 얇게 채를 쳐주세요. 명란젓이 짜기 때문에 소금은 따로 넣지 않아도 됩니다.

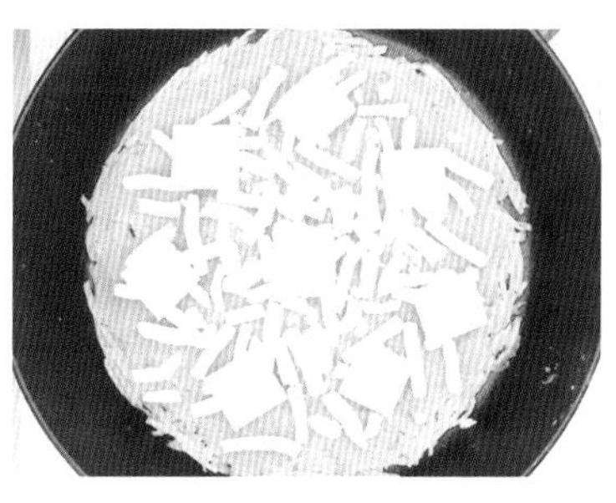

2 1의 감자 밑면이 노릇노릇해지면 껍질을 제거한 명란젓을 펼쳐 넓게 발라주고 모차렐라치즈를 뿌린 다음 8조각 낸 체더치즈를 올립니다.

TIP 껍질이 없는 명란젓을 사용하면 더 편리합니다.

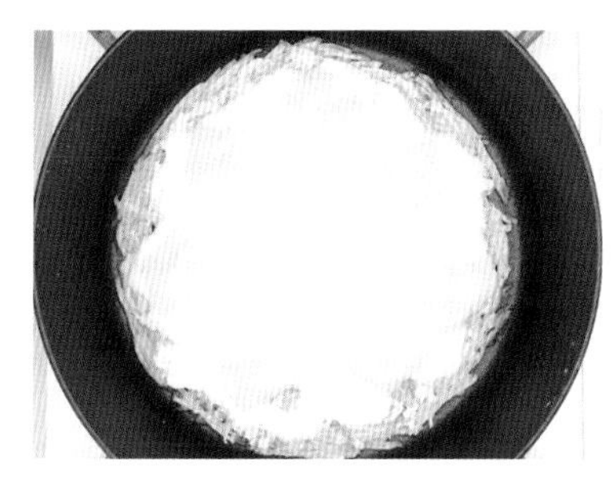

3 뚜껑을 덮어 약한 불에서 치즈를 녹이다가 뚜껑을 열고 중간 불에서 감자 밑면이 바삭해지게 조금 더 구워주세요.

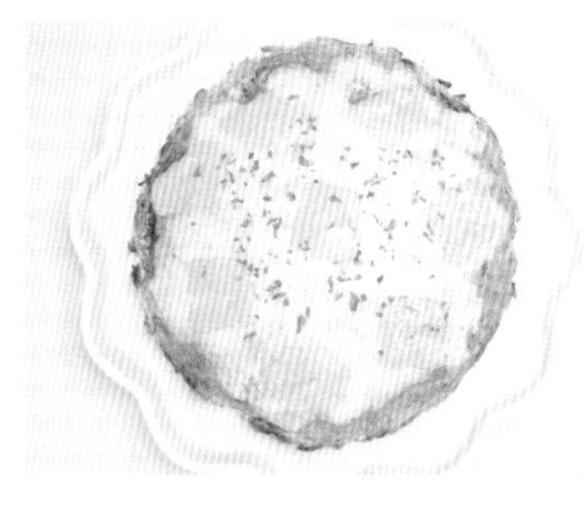

4 접시에 옮겨 담고 알룰로스를 뿌린 뒤 파슬리가루를 뿌려 완성해주세요.

조리도구

가스레인지

재료 1인분

두부 … 1/2모
모차렐라치즈 … 100g
닭가슴살소시지 … 1개
체더치즈 … 1장
스리라차소스 … 조금
머스터드(무설탕) … 조금
파슬리가루 … 조금

만드는 법
유튜브 보기

1 체에 두부를 넣고 포크로 으깬 뒤 전자레인지에 2분간 돌려주세요. 그런 다음 꺼내서 키친타월로 한 번 더 물기를 제거해주세요.

TIP 물기가 많으면 나중에 말 때 모양이 잘 잡히지 않으므로 물기를 꼭 잘 제거해주세요.

2 1의 두부에 모차렐라치즈를 넣고 잘 섞은 뒤 기름을 두르지 않은 프라이팬에 올려 펼칩니다. 중간 불에서 아랫면이 노릇노릇해질 때까지 구워주세요.

3 2의 아랫면을 살짝 들어 노릇하게 잘 구워졌으면 그 위에 스리라차소스, 머스터드, 닭가슴살소시지, 체더치즈 순서로 올린 뒤 김밥 말 듯 잘 말아주세요.

4 그릇에 옮겨 담고 파슬리가루를 뿌려서 한 입 크기로 잘라 드세요.

TIP 랩으로 감싼 뒤 반으로 잘라 먹으면 더 편하게 즐길 수 있어요.

조회수
3.1만

조리도구

가스레인지

재료 1인분

무뼈 닭발 … 500g
물 … 1컵
청양고추 … 2개
참깨 … 조금
후춧가루 … 조금

양념장

다진 마늘 … 2숟가락
에리스리톨 … 2숟가락
고춧가루 … 3숟가락
간장 … 2숟가락
스리라차소스 … 2숟가락
굴소스 … 2숟가락
올리브오일 … 1숟가락

만드는 법 유튜브 보기

1 프라이팬에 손질한 닭발과 양념장 재료를 모두 넣고 물 1컵을 넣은 뒤 뚜껑을 덮어 약한 불로 끓여주세요.

TIP 흐물거리는 닭발을 좋아하면 뚜껑 덮고 약한 불에서 20분 정도 푹 끓이고, 살짝 꼬들꼬들한 식감이 살아있는 게 좋다면 센 불에서 양념이 타지 않게 섞으며 적당히 볶아주세요.

2 1의 닭발에 청양고추를 가위로 큼직하게 잘라 넣고 후춧가루를 뿌려 센 불에서 국물을 졸여주세요.

TIP 국물이 사라질 때까지 볶아야 간이 맞아요. 국물이 남아있으면 싱거울 수 있고 닭발에 양념이 안 밸 수 있어요.

3 2의 볶은 닭발을 접시에 담고 참깨를 뿌려서 완성합니다.

++TIP

● 닭발 손질
무뼈 닭발(1kg 기준)을 깨끗하게 씻은 뒤 냄비에 닭발이 잠길 만큼 물을 붓고 한 번 끓여 헹궈줍니다. 그런 다음 다시 잠길 정도의 물을 붓고 월계수잎 6장, 미림 3숟가락, 된장 1숟가락, 통후추 조금을 넣고 끓여주세요. 끓어오르면 그때부터 10분간 더 끓인 다음 찬물에 한번 헹궈 사용하면 됩니다. 남은 분량은 냉장 보관 했다가 최대한 빨리 드세요.

조회수
12.4만

조리도구

가스레인지

재료 1인분

감자 … 2개
닭가슴살소시지 … 1개
양파 … 1/2개
아몬드밀크(무설탕) … 1½컵
카레가루 … 2숟가락
모차렐라치즈 … 30g
소금 … 조금
파슬리가루 … 조금
크러시드 레드페퍼 … 조금
올리브오일 … 조금

만드는 법
유튜브 보기

1 감자는 20분 정도 푹 삶아 껍질을 벗겨 으깬 후 소금을 조금 넣어 섞습니다. 그런 다음 프라이팬에 종이포일을 깔고 프라이팬 바닥 크기에 맞춰 으깬 감자를 넓게 펼친 뒤 꺼내둡니다.

TIP 차갑게 식은 뒤에는 감자 껍질이 잘 벗겨지지 않으니까 따뜻할 때 벗겨주세요.

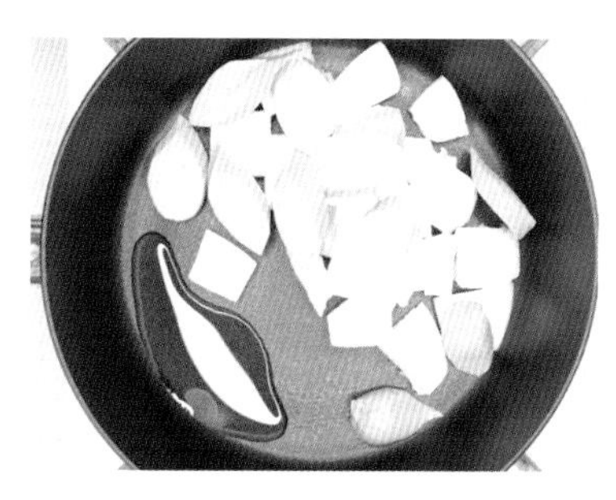

2 프라이팬에 올리브오일을 두르고 사방 2cm 정도 크기로 자른 닭가슴살소시지, 한 입 크기로 썬 양파를 넣은 후 양파가 노릇노릇해질 때까지 볶아주세요.

TIP 소시지나 양파의 크기는 중요하지 않아요. 먹기 좋은 크기로 적당히 잘라주세요.

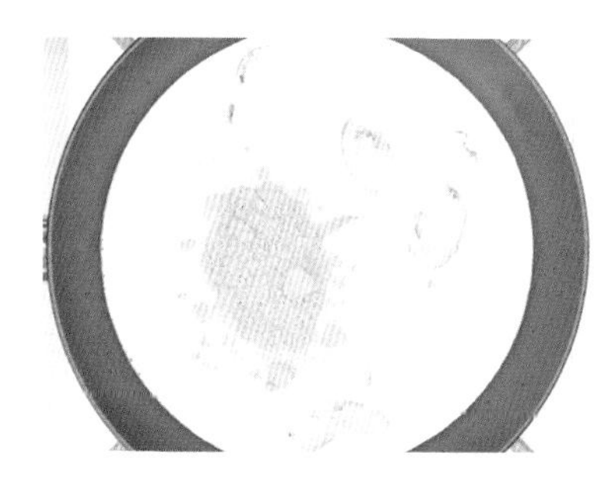

3 **2**에 아몬드밀크와 카레가루를 넣고 센 불에서 카레가루가 뭉치지 않게 잘 섞으면서 끓여주세요.

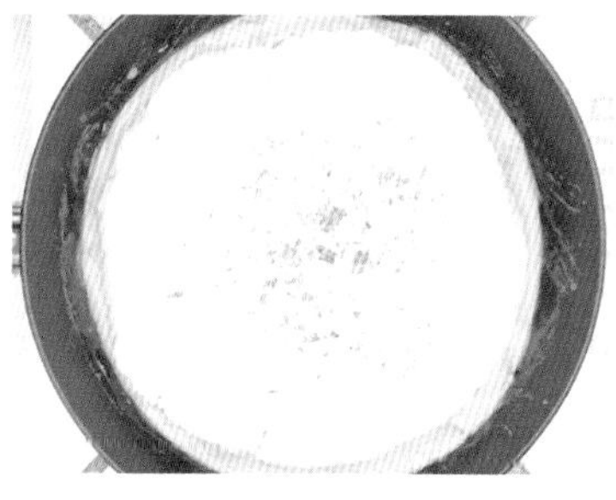

4 **3**의 국물이 걸쭉해지기 시작하면 약한 불로 줄인 후 **1**에서 만들어둔 으깬 감자를 종이포일에서 떼어낸 뒤 위에 조심히 올립니다. 그 위에 모차렐라치즈, 파슬리가루를 올린 후 뚜껑을 덮어 치즈를 녹여주세요. 크러시드 레드페퍼를 올려주면 완성입니다.

조리도구

가스레인지

재료 2인분

두부 … 1/2모
돼지고기 앞다리살 … 500g
양파 … 1/4개
깻잎 … 5장
느타리버섯 … 30g
대파 … 30g
검은깨 … 조금
알룰로스 … 조금
올리브오일 … 조금

양념장

김치 … 65g
다진 마늘 … 1숟가락
간장 … 3숟가락
스리라차소스 … 2숟가락
고춧가루 … 3숟가락
에리스리톨 … 2숟가락
알룰로스 … 1/2숟가락
참기름 … 조금
후춧가루 … 조금

만드는 법
유튜브 보기

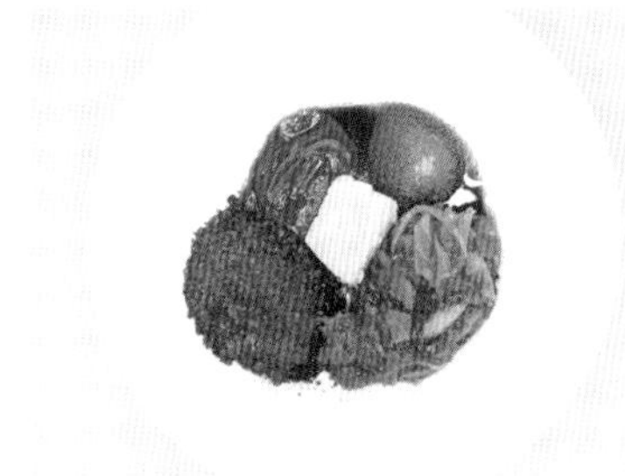

1 넓은 그릇에 양념장 재료를 모두 넣고 잘 섞은 뒤 돼지고기를 1장씩 양념이 잘 배게 넣고 버무려주세요.

TIP 김치 65g은 다진 상태에서 3숟가락 정도 분량입니다. 돼지고기는 제육볶음용을 구입하면 편리해요.

2 프라이팬에 올리브오일을 두르고 **1**의 돼지고기를 넣어 센 불에서 익히다가 가위를 이용해 먹기 좋은 크기로 잘라줍니다. 여기에 1cm 굵기로 길게 자른 양파와 깻잎, 적당히 찢은 느타리버섯을 넣고 센 불에서 양파가 투명해질 때까지 볶아주세요.

TIP 채소를 많이 넣으면 싱거워질 수 있으니 적당량을 넣는 게 중요합니다.

3 **2**에 대파를 송송 썰어서 넣고 알룰로스를 넣어 한 번 더 볶아주세요.

TIP 알룰로스는 맛을 보고 생략해도 괜찮아요. 신김치를 사용해서 신맛이 너무 많이 난다 싶을 때 넣어주면 신맛을 중화시켜 줍니다.

4 6등분한 두부를 **3**의 제육볶음 위에 올리고 검은깨를 뿌려서 완성합니다.

TIP 검은깨 대신 참깨를 써도 됩니다.

조리도구

가스레인지

재료 1인분

라이스페이퍼 … 2장
감자 … 1개
달걀 … 2개
게맛살 … 1개
양파 … 1/4개
체더치즈 … 1장
에리스리톨 … 1/2숟가락
소금 … 조금
파슬리가루 … 조금
후춧가루 … 조금
올리브오일 … 조금

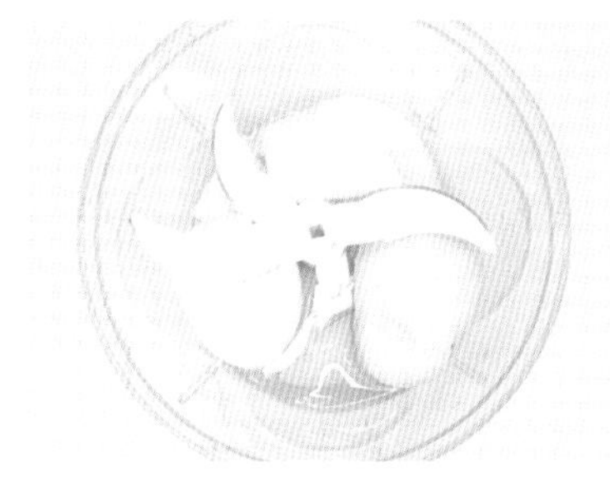

1 감자와 달걀 1개를 삶아둡니다. 채소다지기에 삶은 감자와 삶은 달걀, 날달걀 1개, 양파, 에리스리톨, 소금을 넣고 곱게 다져주세요.

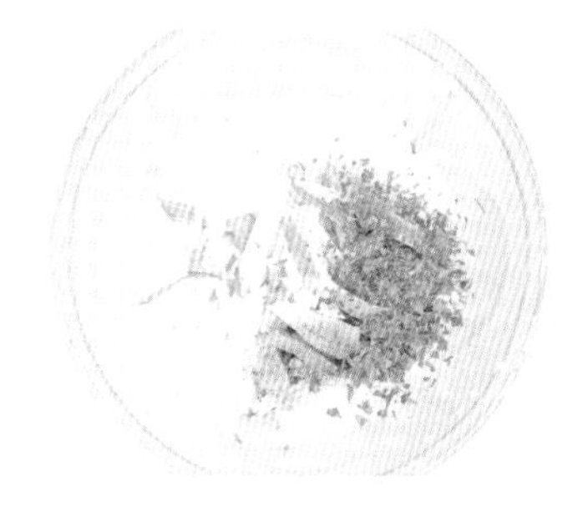

2 **1**에 게맛살을 찢어서 넣고 파슬리가루와 후춧가루를 뿌려 잘 섞어주세요.

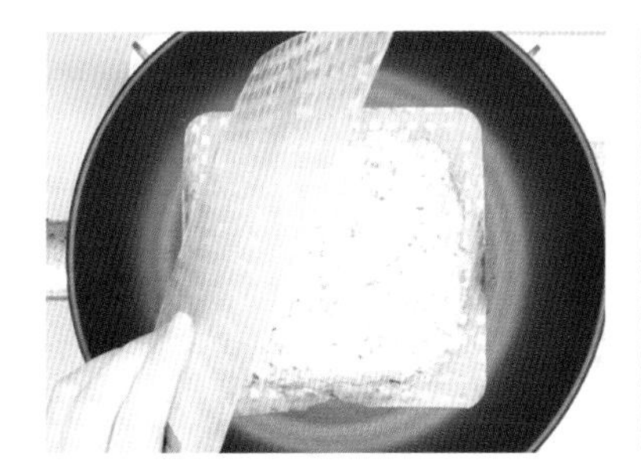

3 프라이팬에 올리브오일을 두르고 라이스페이퍼 1장을 올린 다음 **2**를 모두 넣고 펼쳐준 뒤에 라이스페이퍼 1장을 덮고 끝이 떨어지지 않게 눌러가면서 중간 불로 구워주세요. 아랫면이 노릇하게 익으면 뒤집어서 뒷면도 구워주세요.

TIP 라이스페이퍼를 물에 적셔 사용할 수도 있습니다. 물에 적신 라이스페이퍼에 내용물을 넣고 물에 적신 라이스페이퍼를 1장 올려서 붙여준 뒤 프라이팬에 기름을 두르고 만두 굽듯이 구우면 됩니다.

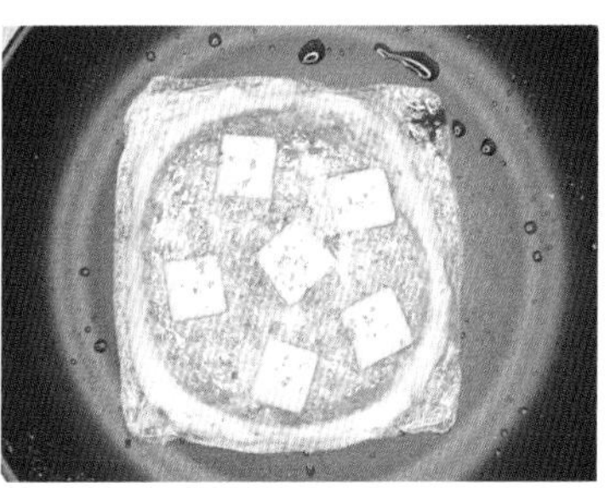

4 **3** 위에 체더치즈를 조각 내서 올리고 파슬리가루를 뿌린 후 뚜껑을 덮고 치즈를 약간 녹여주면 완성입니다.

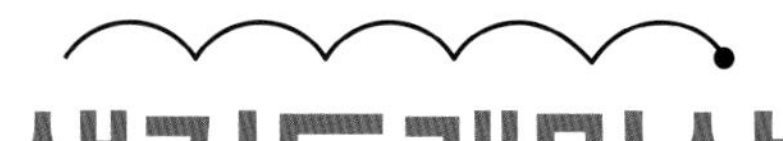

샐러드게맛살월남쌈

조리도구

조리도구 없음

재료 1인분

라이스페이퍼 … 6장
샐러드 채소 … 50g
게맛살 … 3개
양파 … 1/4개
깻잎 … 3장
파슬리가루 … 조금

소스

아보카도 마요네즈 … 1숟가락
알룰로스 … 1숟가락
머스터드 … 1/3숟가락

만드는 법
유튜브 보기

1 그릇에 아보카도 마요네즈, 알룰로스, 머스터드를 넣고 잘 섞어서 소스를 만들어주세요.

2 게맛살은 반으로 가르고, 양파와 깻잎은 5mm 정도 두께로 길쭉하게 썰고, 샐러드 채소는 흐르는 물에 씻어서 물기를 충분히 제거해 준비해주세요.

3 라이스페이퍼를 따뜻한 물에 적셔서 펼쳐놓고 **2**에서 준비해둔 게맛살, 양파, 깻잎, 샐러드 채소를 올린 뒤 스프링롤 모양으로 말아주세요.

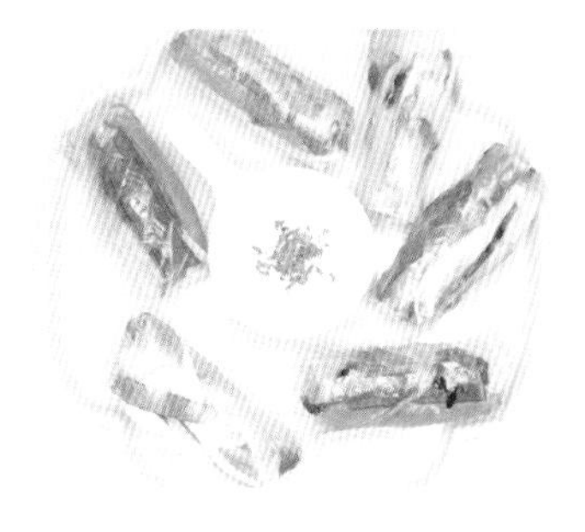

4 **3**을 접시에 담고 **1**의 소스에 파슬리가루를 뿌려 함께 냅니다.

TIP 파슬리가루는 생략 가능합니다.

애호박치즈말이

조회수
17.9만

조리도구

가스레인지

재료 1인분

애호박 … 1/2개
달걀 … 1개
슬라이스 닭가슴살햄 … 2장
체더치즈 … 1장
스리라차소스 … 조금
크러시드 레드페퍼 … 조금
올리브오일 … 조금

만드는 법 유튜브 보기

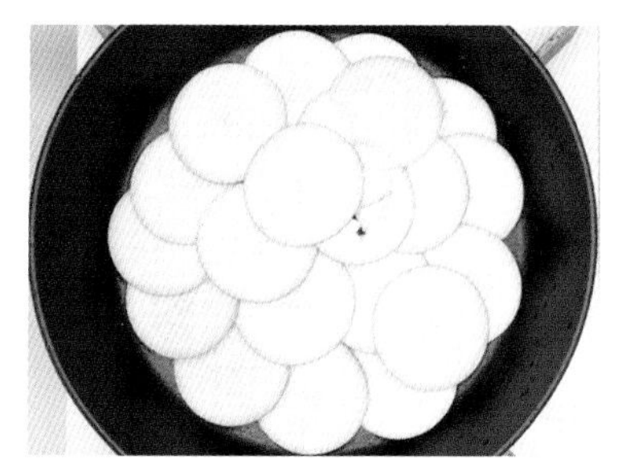

1 프라이팬에 올리브오일을 적당히 두른 뒤 얇게 슬라이스한 애호박을 잘 펼쳐주세요.

TIP 애호박은 최대한 얇게 썰어야 나중에 쉽게 접혀요.

2 **1**의 애호박 위에 달걀을 깨 넣고 잘 펼친 뒤 중간 불에서 애호박이 말랑말랑 부드러워질 때까지 구워주세요.

TIP 애호박 위에서 바로 달걀을 펼치기 힘들다면 먼저 그릇에서 달걀을 풀어준 뒤 애호박 위에 부어도 됩니다.

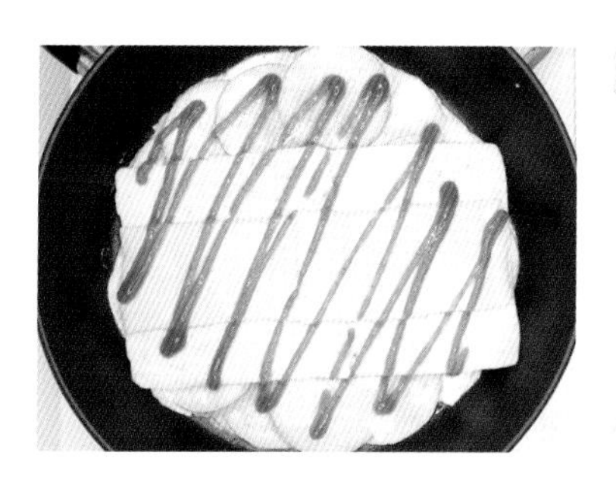

3 애호박이 부드러워졌으면 **2** 위에 슬라이스 닭가슴살햄을 나란히 올리고 체더치즈는 반으로 잘라서 올립니다. 그 위에 스리라차소스를 뿌려주세요.

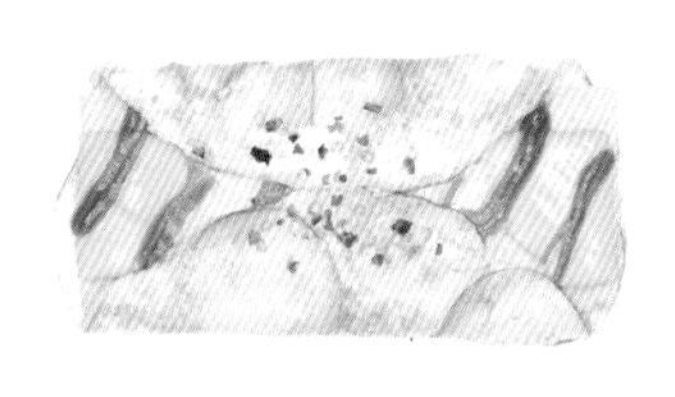

4 슬라이스 닭가슴살햄을 기준으로 해서 옆으로 삐져나온 호박을 접어서 치즈 위로 올린 다음 뚜껑을 덮어 치즈를 녹여줍니다. 접시에 옮겨 담고 크러시드 레드페퍼를 뿌리면 완성입니다.

깻잎라이스페이퍼말이

조리도구

에어프라이어

재료 2개

깻잎 … 16장
라이스페이퍼 … 4장
닭가슴살 … 1개
두부 … 1/4모
당근 … 1/4개
양파 … 1/4개
굴소스 … 1/2숟가락
아보카도오일 … 조금

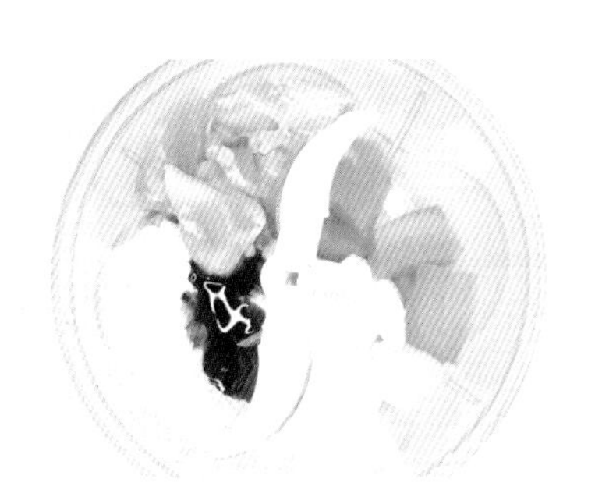

1 채소다지기에 키친타월로 물기를 제거한 두부, 닭가슴살, 당근, 양파, 굴소스를 넣어 곱게 다진 뒤 숟가락으로 섞어주세요.

2 물에 적신 라이스페이퍼 위에 깨끗이 씻어 꼭지를 제거한 깻잎 4장을 올리고 그 위에 **1**의 재료 절반을 올린 뒤 다시 깻잎 4장으로 덮고 라이스페이퍼를 말아주세요. 같은 방법으로 롤을 하나 더 만듭니다.

TIP 라이스페이퍼를 2장 겹쳐 말면 잘 찢어지지 않고 식감도 더 쫀득해요. 이때 부드러운 깻잎을 사용해야 질기지 않아요. 깻잎 꼭지에 라이스페이퍼가 찢어질 수 있으니 꼭 미리 제거해주세요.

3 종이포일에 **2**의 롤을 올리고 스프레이형 아보카도오일을 뿌려 모든 면에 바른 다음 에어프라이어에 넣어 180℃에서 5분간 굽고 뒤집어서 다시 5분 더 구워주세요.

TIP 에어프라이어 대신 프라이팬에 올리브오일을 두르고 구워도 맛있어요.

4 구운 **3**의 롤을 반으로 자른 뒤 접시에 담아주세요.

상추팽이버섯달걀말이

조리도구

가스레인지

재료 1인분

상추 … 2장
팽이버섯 … 1/3봉지
달걀 … 2개
닭가슴살소시지 … 1개
체더치즈 … 1장
스리라차소스 … 조금
소금 … 조금
파슬리가루 … 조금
올리브오일 … 조금

만드는 법
유튜브 보기

1 그릇에 달걀과 소금을 넣고 잘 섞어 달걀물을 만들어주세요.

2 센 불로 달군 프라이팬에 올리브오일을 두르고 팽이버섯을 찢어 올립니다. 여기에 **1**의 달걀물을 반만 넣어 펼친 다음 약한 불로 줄여 부쳐주세요.

3 **2** 위에 상추, 닭가슴살소시지, 체더치즈, 스리라차소스를 올린 다음 달걀을 말아주고 남은 달걀물을 부어 한 번 더 말아주세요.

TIP 상추의 두꺼운 심지 부분은 가위로 잘라 내고 사용하세요.

4 매직랩의 끈적한 부분이 밖으로 향하게 펼치고 **3**을 올려 팽팽하게 감싼 다음 한 번 더 매직랩을 끈적한 부분이 안으로 오게 해서 말아 줍니다. 반으로 잘라 잘린 단면에 파슬리가루를 뿌려 완성합니다.

조리도구

가스레인지

재료 1인분

두부 … 1/2모
달걀 … 1개
게맛살 … 2개
소금 … 조금
후춧가루 … 조금
파슬리가루 … 조금
크러시드 레드페퍼 … 조금
올리브오일 … 조금

만드는 법 유튜브 보기

1 키친타월로 물기를 제거한 두부, 잘게 찢은 게맛살을 그릇에 담고 소금과 후춧가루를 뿌려 두부를 으깨면서 잘 섞어주세요.

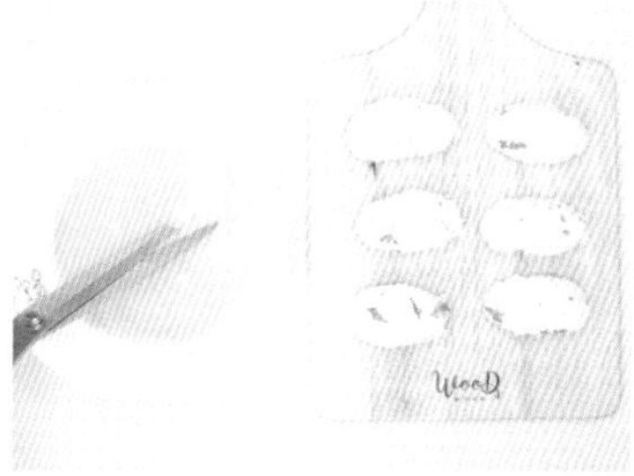

2 **1**을 6등분한 다음 동그랗게 모양을 잡아줍니다. 그릇에 달걀과 소금을 넣고 섞어서 달걀물을 만들어주세요.

TIP 이때 달걀물을 가위로 잘라주면 흰자의 도톰한 덩어리가 잘리면서 숟가락으로 잘 떠져서 모양 잡기가 더 편해요.

3 프라이팬에 올리브오일을 두르고 달걀물을 2숟가락씩 떠서 길쭉하게 펼친 다음 **2**에서 만들어둔 두부 반죽을 1덩이씩 올려 돌돌 말아주세요.

4 잘 부쳐진 **3**을 접시에 옮겨 담고 파슬리가루와 크러시드 레드페퍼를 뿌려서 완성해주세요.

TIP 스리라차소스에 찍어 먹으면 더 맛있습니다.

조리도구

가스레인지

재료 1인분

연두부 … 1/2팩
느타리버섯 … 60g
팽이버섯 … 1/2봉지
양파 … 1/4개
닭가슴살 … 1개
물 … 3컵
들깻가루 … 3숟가락
다진 마늘 … 1숟가락
국간장 … 2숟가락
소금 … 조금
쪽파 … 조금

만드는 법 유튜브 보기

1 느타리버섯은 하나씩 찢어주고, 팽이버섯은 3cm 길이로 자르고, 양파는 길쭉하게 채 썰어 준비하세요.

2 냄비에 분량의 물과 닭가슴살, **1**의 채소, 들깻가루를 넣고 끓여주세요. 닭가슴살이 익으면 가위를 이용해 먹기 편한 크기로 적당히 자릅니다.

3 **2**에 연두부를 넣고 다진 마늘, 국간장, 소금을 넣어 간을 맞춰가며 끓여주세요.

4 그릇에 **3**을 옮겨 담고 송송 썬 쪽파를 올려 완성해주세요.

TIP 닭가슴살은 스리라차소스에 찍어 먹으면 맛있어요.

- 들깻가루에는 식이섬유가 풍부하게 들어 있어 다이어트에 도움을 줍니다.

브로콜리달걀피자

통두부피자

버섯달걀피자

두부깻잎피자

감자치즈크러스트피자

브로콜리고추피자

미주라토스트요거트피자

애호박토스트

양배추날치알케사디야

달걀케사디야

감자달걀케사디야

샐러드부침토스트

스크램블샐러드토스트

오이라페오픈샌드위치

토마토미주라토스트

4장

간단하게 즐기는, 피자 & 샌드위치

조리도구

가스레인지

재료 1인분

브로콜리 … 35g
양파 … 1/4개
달걀 … 1개
모차렐라치즈 … 30g
체더치즈 … 1장
스리라차소스 … 조금
소금 … 조금
파슬리가루 … 조금
올리브오일 … 조금

만드는 법 유튜브 보기

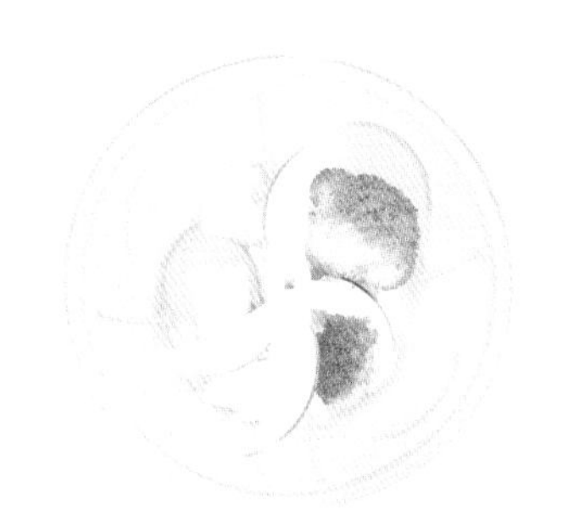

1 채소다지기에 브로콜리, 양파, 달걀, 소금을 넣고 잘 씻은 다음 섞어주세요.

TIP 브로콜리는 베이킹소다를 푼 물에 30분 정도 담가 깨끗하게 씻은 후 사용하세요.

2 프라이팬에 올리브오일을 두른 다음 센 불에서 **1**의 재료를 붓고 넓게 펼쳐주세요.

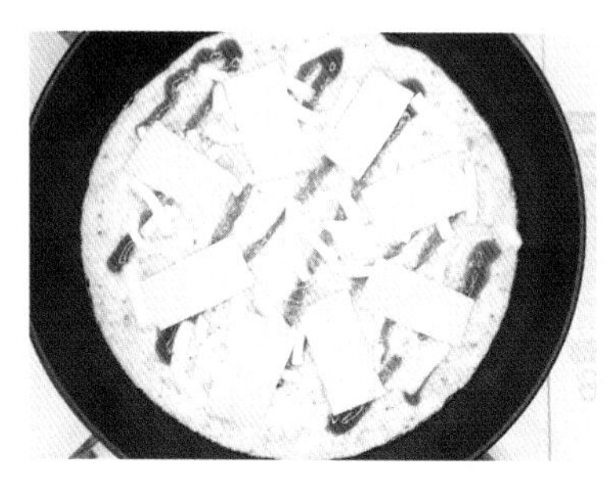

3 **2** 위에 스리라차소스와 모차렐라치즈를 뿌리고 8등분한 체더치즈를 동그랗게 펴 올린 후 뚜껑을 덮고 익혀주세요.

TIP 센 불 상태에서 재료를 올린 뒤 지글지글 소리가 나면 약한 불로 줄여주세요.

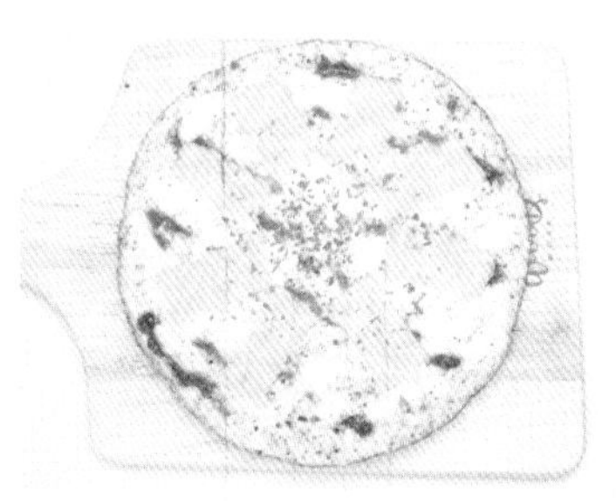

4 접시에 옮겨 담고 파슬리가루를 뿌려서 마무리합니다.

조리도구

가스레인지

재료 2개

두부 … 1모
모차렐라치즈 … 20g
김치 … 20g
참치 통조림 … 15g
양파 … 1/4개
파프리카 … 8g
간장 … 1/2숟가락
알룰로스 … 1/2숟가락
소금 … 조금
후춧가루 … 조금
파슬리가루 … 조금
올리브오일 … 조금

만드는 법 유튜브 보기

1 두부를 넓적하게 포를 뜨듯 반으로 자른 뒤 소금을 조금 뿌립니다. 프라이팬에 올리브오일을 두르고 두부 2장을 노릇하게 구워 준비합니다.

2 김치, 양파, 파프리카를 잘게 썬 다음 프라이팬에 올리브오일을 두르고 김치, 양파, 파프리카, 참치, 간장, 알룰로스, 후춧가루를 넣고 센 불에서 잘 볶아주세요.

3 **1**의 두부에 모차렐라치즈 10g을 올리고 **2**의 재료를 반만 올린 후 다시 모차렐라치즈 10g을 올리고 에어프라이어 180℃에서 5분간 구워주세요. 같은 방법으로 1개 더 만듭니다.

TIP 프라이팬에서 뚜껑을 덮고 치즈를 녹여줘도 괜찮아요.

4 접시에 옮겨 담고 파슬리가루를 뿌려 완성해주세요.

TIP 타임이 있으면 곁들여도 잘 어울립니다.

조리도구

가스레인지

재료 1인분

팽이버섯 … 1/6봉지
느타리버섯 … 45g
달걀 … 2개
달걀노른자 … 1개
베이컨 … 2줄
양파 … 1/4개
파프리카 … 1/3개
모차렐라치즈 … 50g
파슬리가루 … 조금
올리브오일 … 조금

1 베이컨 1줄, 팽이버섯, 느타리버섯, 양파, 파프리카를 사방 1cm 크기로 작게 썹니다. 프라이팬에 올리브오일을 두르고 썰어놓은 재료를 모두 넣은 뒤 양파가 투명해질 때까지 센 불에서 볶아주세요.

2 **1**에 달걀 2개를 넣고 노른자를 터트린 후 빠르게 펼쳐주세요.

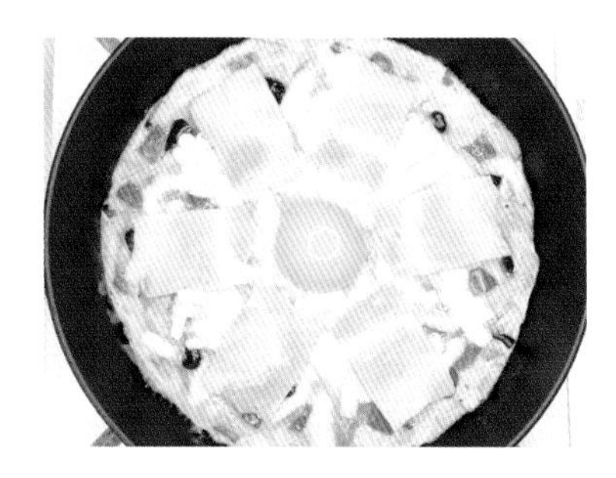

3 **2**에 모차렐라치즈를 올리고 남은 베이컨 1줄을 6조각으로 잘라 올린 후 달걀노른자를 중앙에 올리고 뚜껑을 덮어 익혀주세요.

TIP 노른자는 다 익혀도 좋고, 치즈만 넣고 녹인 후 노른자를 올려 생노른자에 찍어 먹어도 맛있어요. 아예 생략해도 됩니다.

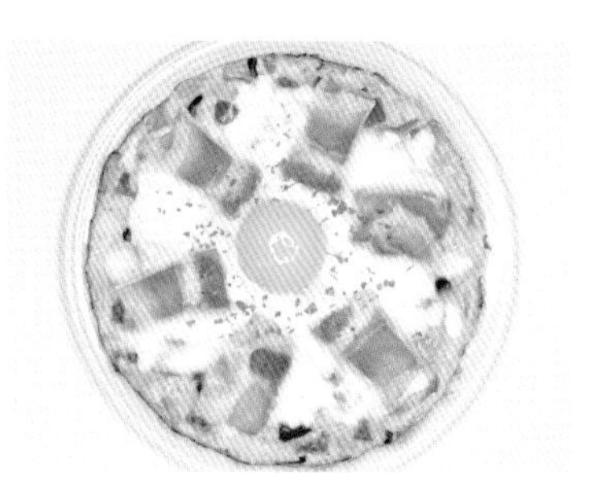

4 접시에 옮겨 담고 파슬리가루를 뿌려 완성해주세요.

TIP 스리라치소스를 곁들여 먹으면 더 맛있어요.

조회수
15.1만

조리도구

가스레인지

재료 1인분

두부 … 1/4모
깻잎 … 10장
양파 … 1/4개
달걀 … 2개
게맛살 … 2개
체더치즈 … 1장
소금 … 조금
스리라차소스 … 조금
올리브오일 … 조금

만드는 법
유튜브 보기

1 두부는 으깨고 깻잎과 양파는 0.5cm 폭으로 자릅니다. 그릇에 두부, 깻잎, 양파, 달걀, 소금을 넣고 잘 섞어주세요.

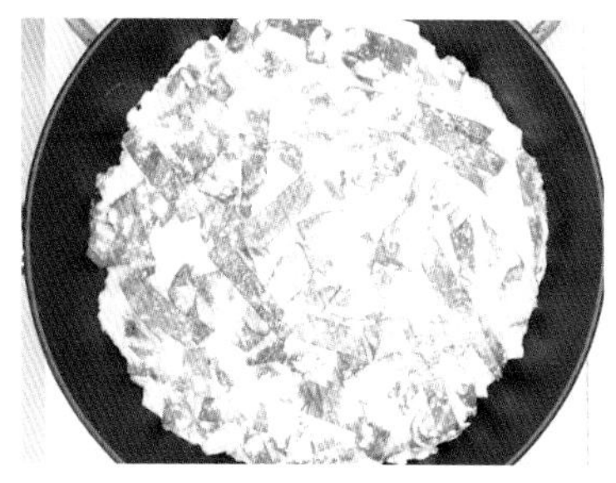

2 프라이팬에 올리브오일을 두르고 센 불에서 **1**을 부어서 넓게 펼쳐주세요.

3 **2** 위에 게맛살을 찢어 올리고 체더치즈는 16등분 해서 올린 뒤 뚜껑을 덮고 약한 불로 줄여서 익혀주세요.

4 접시에 옮겨 담고 스리라차소스를 뿌려 냅니다.

감자치즈크러스트피자

조회수
13.1만

조리도구

전자레인지

재료 1인분

감자 … 1개
아몬드가루 … 2숟가락
모차렐라치즈 … 50g
체더치즈 … 1/2장
올리브오일 … 1숟가락
소금 … 조금
파슬리가루 … 조금

토핑

양파 … 1/8개
빨간 파프리카 … 8g
노란 파프리카 … 8g
닭가슴살소시지 … 1/3개
오이고추 … 1/2개
스리라차소스 … 2숟가락

1 감자는 삶아서 그릇에 담아 으깨고 아몬드가루, 올리브오일, 소금을 넣고 섞어서 반죽을 만들어주세요.

2 전자레인지 받침대 위에 종이포일을 놓고 그 위에 **1**의 반죽을 올려 평평하게 펼칩니다. 모차렐라치즈 30g을 가장자리에 빙 둘러서 올리고 반죽으로 감싸서 치즈크러스트 피자 도우처럼 만들어주세요.

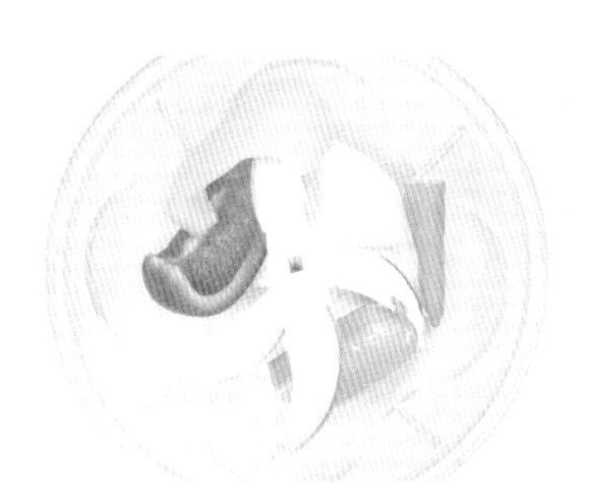

3 채소다지기에 스리라차소스를 제외한 토핑 재료를 모두 넣고 다진 다음 스리라차소스를 넣고 섞어주세요.

TIP 오이고추 대신 풋고추나 피망을 사용해도 좋습니다.

4 **2** 위에 **3**의 토핑을 올린 뒤 남은 모차렐라치즈 20g을 뿌리고 8등분한 체디치즈를 올립니다. 전자레인지에 2분간 돌린 후 파슬리가루를 뿌려 완성해주세요.

TIP 스리라차소스를 위에 뿌려 먹어도 맛있습니다.

조회수
5천

조리도구

가스레인지

재료 1인분

청양고추 … 1개
모차렐라치즈 … 20g
올리브오일 … 조금

토핑

양파 … 1/4개
파프리카 … 1/3개
베이컨 … 2줄
토마토소스 … 40g

피자도우

브로콜리 … 70g
달걀 … 1개
소금 … 조금
후춧가루 … 조금

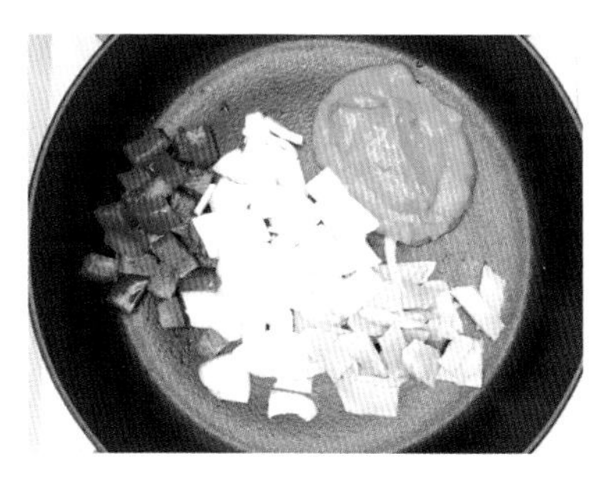

1 토마토소스를 제외한 토핑 재료는 사방 1cm 크기로 썰어서 올리브오일을 두른 프라이팬에 넣고 중간 불에서 볶습니다. 양파가 투명해지면 토마토소스를 넣고 한 번 더 볶아주세요.

2 채소다지기에 피자 도우 재료를 모두 넣고 잘 다져주세요.

3 프라이팬에 종이포일을 깔고 **2**의 재료를 부어 펼쳐줍니다. 뚜껑을 덮고 약한 불에서 구운 뒤 종이포일을 떼주세요.

TIP 윗면을 만져봐서 손에 묻어나지 않으면 다 익은 거예요. 코팅 팬을 사용한다면 종이포일 없이 바로 구워도 됩니다.

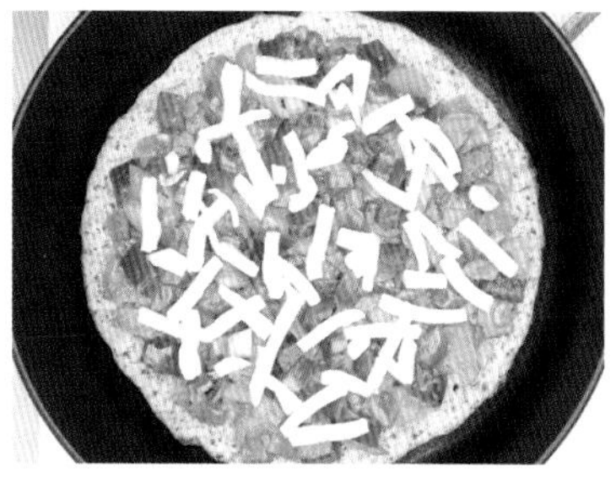

4 프라이팬에 **3**의 구운 도우를 놓고 **1**의 토핑을 올려 펼친 뒤 잘게 다진 청양고추를 올리고 모차렐라치즈를 뿌립니다. 뚜껑을 덮고 약한 불로 치즈가 녹을 때까지 익혀주세요.

TIP 매운맛이 싫으면 청양고추 대신 풋고추를 사용해도 좋아요.

미주라토스트요거트피자

조리도구

에어프라이어

재료 1인분

미주라토스트 … 4개
대파 … 20g
양파 … 1/4개
빨간 파프리카 … 1/3개
달걀 … 2개
요거트(무설탕) … 1/2컵
모차렐라치즈 … 50g
체더치즈 … 1장
코코넛오일 … 1숟가락
에리스리톨 … 1숟가락
스리라차소스 … 조금
소금 … 조금
파슬리가루 … 조금

만드는 법
유튜브 보기

1 대파는 송송 썰고 양파와 파프리카도 대파와 비슷한 크기로 썰어 그릇에 넣어주세요.

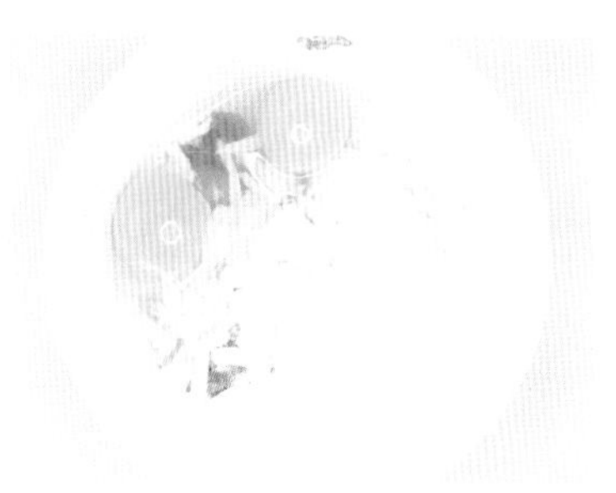

2 **1**에 달걀, 요거트, 모차렐라치즈, 체더치즈, 코코넛오일, 에리스리톨을 넣고 섞어주세요.

3 에어프라이어에 종이포일을 깔고 미주라토스트 3개를 펼쳐 넣고 1개는 조각을 내서 빈 공간을 채워주세요.

4 **3** 위에 **2**의 재료를 부어서 펼치고 스리라차소스를 뿌립니다. 에어프라이어에 넣고 160℃에서 12분간 돌려 겉면을 익힌 뒤 종이포일째로 꺼내서 전자레인지에 다시 넣고 2분간 돌려서 속까지 익힙니다. 다 익으면 파슬리가루를 뿌려서 완성해주세요.

• 미주라토스트 대신 통밀식빵을 사용해도 괜찮습니다.

조리도구

가스레인지

재료 1인분

통밀식빵 … 1장
체더치즈 … 1장
애호박 … 1/4개
양파 … 1/8개
달걀 … 1개
스리라차소스 … 1숟가락
알룰로스 … 1/2숟가락
소금 … 조금
크러시드 레드페퍼 … 조금
파슬리가루 … 조금
올리브오일 … 조금

만드는 법 유튜브 보기

1 애호박은 채 썰고 양파는 사방 0.5cm 크기로 썹니다. 프라이팬에 올리브오일을 두르고 애호박, 양파, 소금을 넣어 애호박이 흐물흐물해질 때까지 센 불에서 볶아주세요.

2 **1**에 달걀을 넣고 잘 섞은 뒤 넓게 펼쳐서 익힙니다. 아랫면이 다 익으면 약한 불로 줄여주세요.

TIP 불을 끄고 달걀을 풀어 펼친 다음 다시 불을 켜서 익히면 태울 염려 없이 느긋하게 만들 수 있어요.

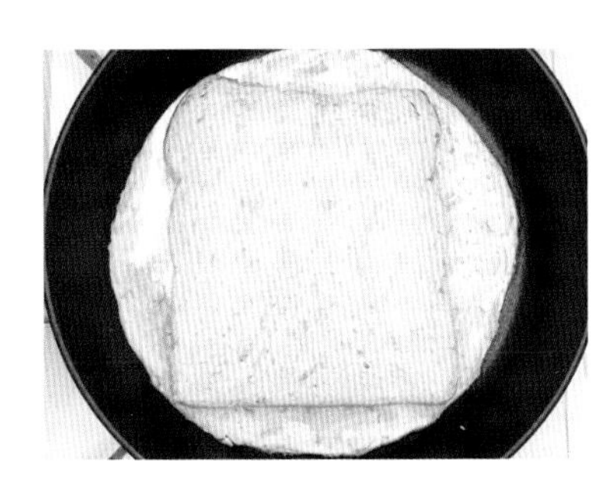

3 통밀식빵 한쪽 면에 스리라차소스와 알룰로스를 펴 바른 뒤 **2** 위에 올립니다. 이때 소스 부분이 아래쪽으로 오게 해주세요.

4 통밀식빵 면이 아래로 가게 **3**을 뒤집은 다음 옆으로 튀어나와 있는 애호박지단은 빵 위로 접어 올려주세요. 그 위에 체더치즈를 올리고 뚜껑을 덮어 치즈를 살짝 녹인 다음 그릇에 담고 크러시드 레드페퍼, 파슬리가루를 뿌리면 완성입니다.

TIP 식빵 뒤집기가 힘들면 접시를 프라이팬 위에 올리고 통째로 뒤집어주면 쉬워요.

조리도구

가스레인지

재료 1인분

통밀토르티아 … 1장
양배추 … 85g
날치알 … 15g
게맛살 … 2개
깻잎 … 2장
스리라차소스 … 조금
파슬리가루 … 조금
올리브오일 … 조금

만드는 법
유튜브 보기

1 중간 불로 달군 프라이팬에 올리브오일을 두르고 곱게 다진 양배추와 달걀을 넣고 잘 섞은 뒤 평평하게 펼쳐서 약한 불로 줄여주세요.

TIP 양배추는 다졌을 때 8숟가락 정도 나오는 분량입니다.

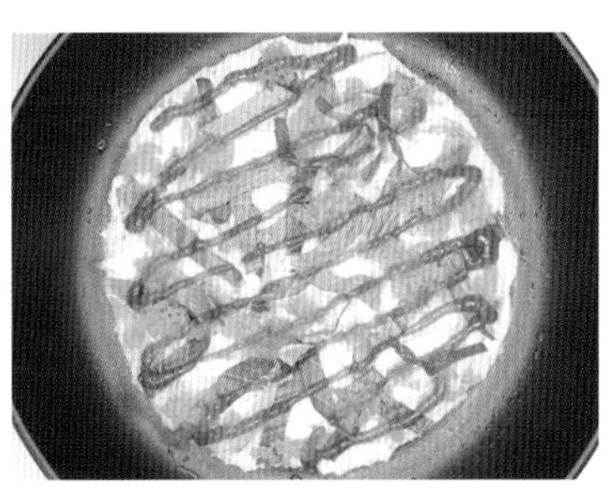

2 **1** 위에 게맛살을 찢어서 펼쳐 올리고, 날치알은 숟가락으로 조금씩 떠서 듬성듬성 올리고, 깻잎은 가위로 0.5cm 폭으로 길게 잘라 올려주세요. 그런 다음 전체적으로 스리라차소스를 뿌립니다.

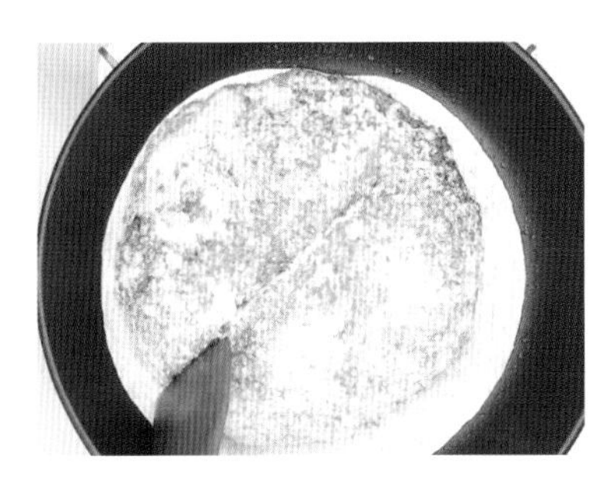

3 **2**의 달걀 밑면이 익었으면 위에 통밀토르티아를 올리고 뒤집어줍니다. 토르티아 밑면을 살짝 구운 뒤 반으로 접어주세요.

TIP 뒤집기가 자신 없다면 프라이팬 위에 접시를 올리고 팬을 통째로 뒤집어주세요. 반으로 접을 때는 뒤집개 끝부분으로 눌러 반을 살짝 가른 다음 그 선대로 접으면 잘 접힌답니다.

4 접시에 옮겨 담고 토르티아 위에 파슬리가루를 뿌려 완성해주세요.

달걀케사디야

조리도구

가스레인지

재료 1인분

통밀토르티야 … 1장
닭가슴살 … 1/2개
양파 … 1/4개
빨간 파프리카 … 1/3개
체더치즈 … 1/2장
다진 마늘 … 1/4숟가락
스리라차소스 … 1숟가락
파슬리가루 … 조금
올리브오일 … 조금

달걀물

달걀 … 1개
깻잎 … 2장
양파 … 1/4개
소금 … 조금
올리브오일 … 조금

만드는 법
유튜브 보기

1 닭가슴살, 양파, 파프리카를 사방 1cm 크기로 썰어줍니다. 프라이팬에 올리브오일을 두르고 닭가슴살, 양파, 파프리카, 다진 마늘을 넣고 닭가슴살이 다 익을 때까지 볶아주세요. 그런 다음 스리라차소스를 넣고 다시 한 번 볶아서 준비해주세요.

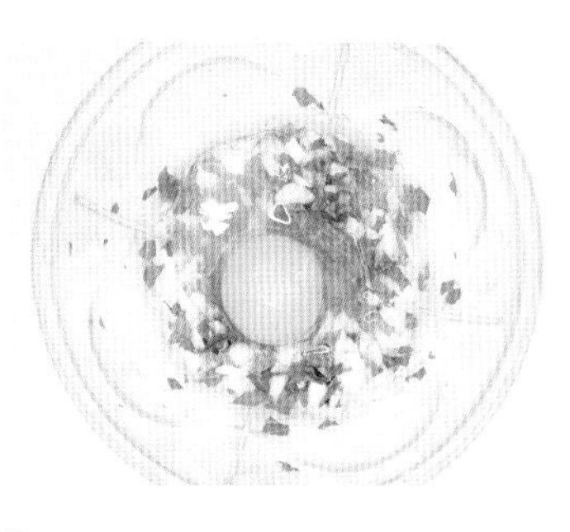

2 채소다지기에 달걀물 재료를 모두 넣고 잘 섞어주세요.

3 프라이팬에 올리브오일을 두르고 **2**의 달걀물을 부어 평평하게 펼칩니다. 아랫면이 익어가면 통밀토르티야를 올리고 그대로 뒤집어서 토르티야 표면을 구워주세요.

4 **3**을 토르티야가 아래로 오게 접시에 담은 뒤 그 위에 **1**을 올리고 체더치즈를 올려 반으로 접습니다. 마지막으로 파슬리가루를 뿌려 완성해주세요.

조리도구

가스레인지

재료 1인분

감자 … 1개
달걀 … 1개
모차렐라치즈 … 30g
스리라차소스 … 조금
후춧가루 … 조금
파슬리가루 … 조금
올리브오일 … 조금

만드는 법 유튜브 보기

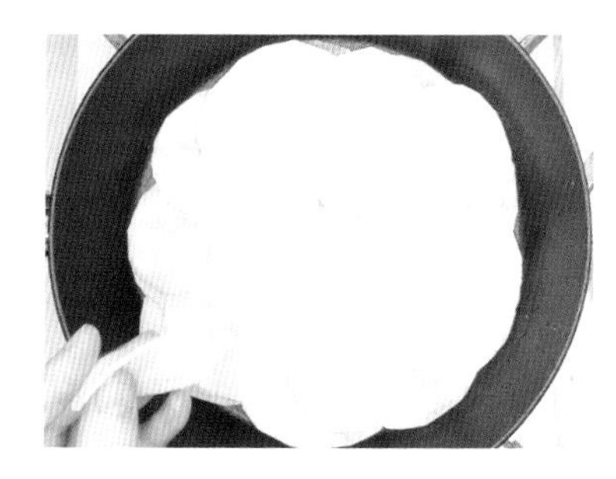

1 감자를 얇게 슬라이스합니다. 프라이팬에 올리브오일을 두르고 감자를 조금씩 겹쳐가면서 넓게 펼쳐주세요.

TIP 감자는 슬라이서를 이용해 가장 얇은 두께로 슬라이스해주세요. 두껍게 썰면 익는 시간도 오래 걸리고 반으로 접기도 힘들어집니다.

2 **1** 위에 스리라차소스를 지그재그로 뿌린 다음 달걀을 올려 감자가 다 감싸지도록 넓게 펼쳐줍니다. 여기에 모차렐라치즈를 올리고 후춧가루를 뿌린 다음 뚜껑을 덮어 중간 불에서 감자를 익혀주세요.

TIP 감자 위에서 달걀을 펼치기가 힘들면 달걀물을 만든 후 감자 위에 부어 펼쳐주세요.

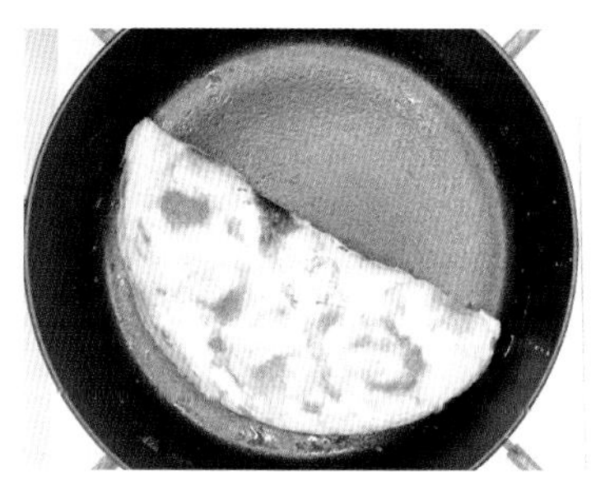

3 **2**의 감자가 다 익으면 반으로 접어주세요.

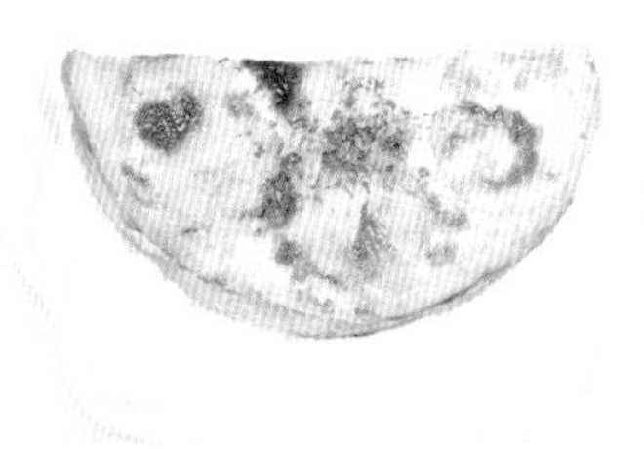

4 접시에 옮겨 담고 파슬리가루를 뿌려서 완성합니다.

조리도구

가스레인지

재료 1인분

통밀식빵 … 1장
샐러드 채소 … 50g
달걀 … 2개
체더치즈 … 1장
아보카도 마요네즈 … 1숟가락
머스터드(무설탕) … 1/3숟가락
알룰로스 … 1/3숟가락
스리라차소스 … 조금
파슬리가루 … 조금
올리브오일 … 조금

만드는 법 유튜브 보기

1 프라이팬에 올리브오일을 두르고 샐러드 채소와 달걀을 넣어 잘 섞으면서 펼친 뒤 센 불에서 부치다가 지글지글 소리가 나면 약한 불로 낮춰주세요.

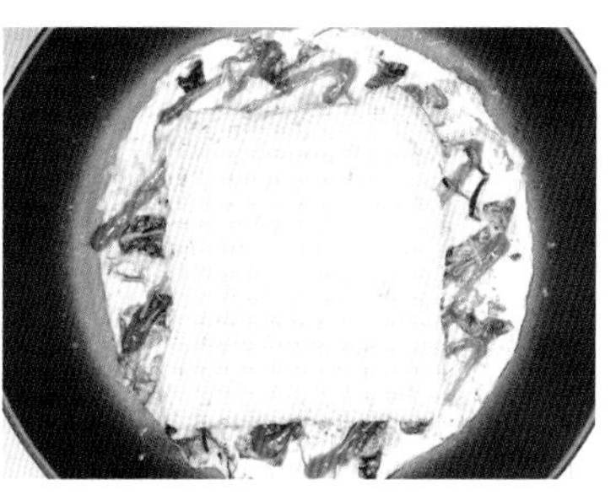

2 통밀식빵에 아보카도 마요네즈, 머스터드, 알룰로스를 뿌려 펴 바릅니다. **1** 위에 스리라차소스를 뿌린 뒤 소스 바른 통밀식빵을 올려주세요.

TIP 통밀식빵은 소스를 바른 부분이 아래를 향하게 해주세요.

3 **2**를 뒤집은 뒤 식빵 옆으로 삐져나온 달걀은 접어서 식빵 위로 올려주세요.

4 **3** 위에 체더치즈를 올리고 뚜껑을 덮어서 치즈를 녹입니다. 그릇에 옮겨 담고 파슬리가루를 뿌려 마무리합니다.

TIP 맞는 뚜껑이 없으면 접시에 옮겨 담은 뒤 전자레인지에 1분 돌려서 치즈를 녹여도 됩니다. 가위로 4등분을 하면 편하게 먹을 수 있어요.

달걀샐러드토스트

조리도구

가스레인지

재료 1인분

통밀식빵 … 1장
샐러드 채소 … 50g
달걀 … 1개
체더치즈 … 1장
에리스리톨 … 1/2숟가락
스리라차소스 … 1숟가락
소금 … 조금
파슬리가루 … 조금
크러시드 레드페퍼 … 조금
올리브오일 … 조금

만드는 법 유튜브 보기

1 프라이팬에 올리브오일을 두르고 달걀을 넣습니다. 여기에 소금과 에리스리톨을 뿌리고 빠르게 섞어서 스크램블을 만든 다음 식빵 형태로 모양을 잡아주세요.

TIP 달걀이 완전히 익기 전에 모양을 잡아줘야 흐트러지지 않아요.

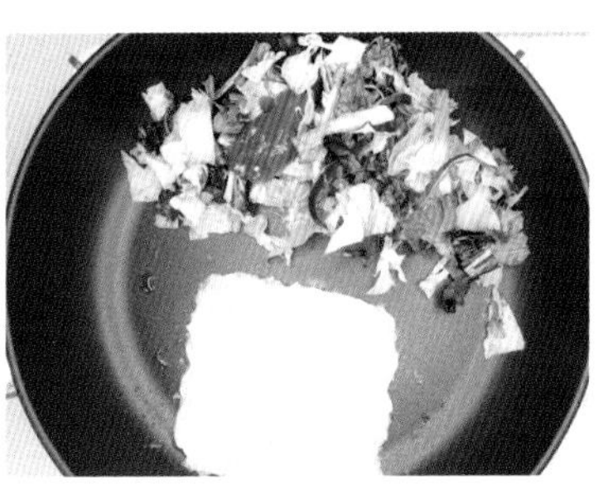

2 **1**의 달걀을 한쪽으로 밀어놓고 샐러드 채소와 스리라차소스를 넣은 다음 센 불에서 아삭함이 살아있을 정도로 살짝만 익혀주세요.

3 접시에 통밀식빵을 놓고 체디치즈를 올려주세요.

4 **3** 위에 **2**의 샐러드채소와 달걀을 올린 뒤 파슬리가루와 크러시드 레드페퍼를 올려서 완성해주세요.

조리도구

전자레인지

재료 1인분

통밀식빵 … 1장
오이 … 1/2개
토마토 … 1/2개
참치 통조림 … 50g
체더치즈 … 1장
홀그레인 머스터드 … 1/2숟가락
식초 … 1숟가락
소금 … 조금
올리브오일 … 1/2숟가락
머스터드 … 조금
스리라차소스 … 조금

1 오이는 채칼을 이용해 가늘게 채 썰고, 토마토는 8등분해 주세요.

TIP 오이는 80g, 토마토는 75g 정도를 사용했습니다.

2 그릇에 **1**의 재료와 홀그레인 머스터드, 식초, 소금, 올리브오일을 넣고 잘 섞어 오이라페를 만들어주세요.

3 통밀식빵 위에 체더치즈를 올리고 전자레인지에 30초간 돌린 후 참치를 올려주세요.

TIP 참치 통조림은 기름을 제거한 후 사용하면 칼로리를 조금 낮출 수 있어요.

4 **3** 위에 머스터드와 스리라차소스를 뿌리고 **2**의 오이라페를 올려주면 완성입니다.

TIP 스리라차소스 대신 무설탕 케첩을 뿌려 먹어도 맛있어요.

조리도구

가스레인지

재료 1인분

미주라토스트 … 1개
토마토 … 1/4개
달걀 … 1개
체더치즈 … 1장
스리라차소스 … 조금
소금 … 조금
파슬리가루 … 조금
올리브오일 … 조금

만드는 법
유튜브 보기

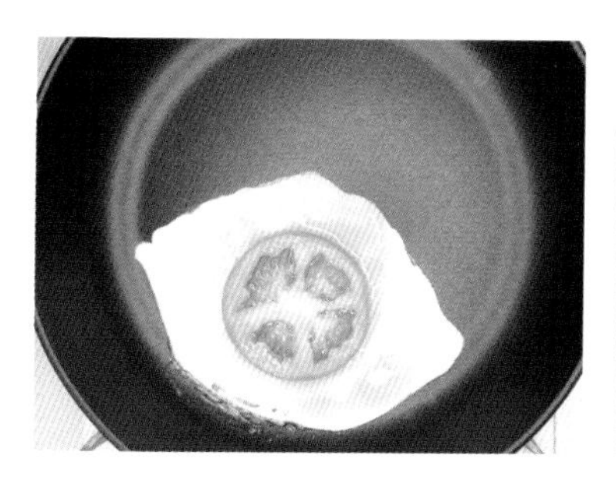

1 토마토는 동그란 모양을 살려 넓적하게 1cm 두께로 썰어줍니다. 프라이팬에 올리브오일을 두른 다음 달걀을 넣고 소금을 살짝 뿌려 동그랗게 펼쳐줍니다. 여기에 토마토를 올려 그대로 익혀주세요.

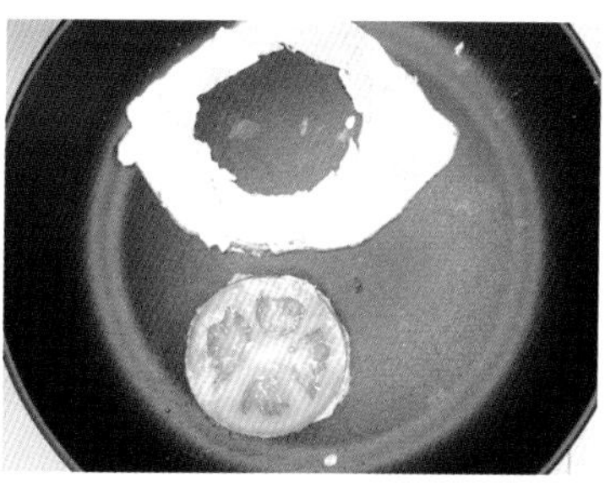

2 달걀이 익으면 토마토 옆으로 삐져나온 부분은 잘라 내주세요.

TIP 옆으로 나온 달걀을 자르는 게 번거롭다면 잘라 내지 않고 그대로 사용해도 됩니다.

3 미주라토스트에 체더치즈를 마름모 형태로 올리고 **2**를 달걀이 위로 가게 올린 뒤 옆으로 삐져나온 치즈 모서리를 달걀 위로 접어 올립니다.

TIP 치즈를 접어 올리지 않고 그대로 둬도 괜찮아요.

4 **3** 위에 스리라차소스를 뿌린 다음 파슬리가루를 조금 뿌려서 완성해 주세요.

TIP 스리라차소스 대신 무설탕 케첩을 사용해도 괜찮아요.

• 미주라토스트 대신 통밀식빵을 사용해도 좋아요.

아몬드가루피자빵
토마토빵
완두콩스프레드빵
브로콜리두부빵
바나나팬케이크롤
아몬드스콘
고구마초코파이
애호박컵빵
애호박파빵
바나나초코케이크
두부크림당근케이크
바나나팬케이크
쑥빵
고구마롱스틱빵
포두부칩
치즈코코넛튀일
참깨크래커
오트밀인절미
초코볼
오트밀땅콩볼
블루베리아이스크림
바나나롤아아스크림
두부흑임자아이스크림
커피아이스크림
두부초코아이스크림롤
바나나초코아이스크림

5장

달콤한 게
당길 때,

디저트

아몬드가루피자빵

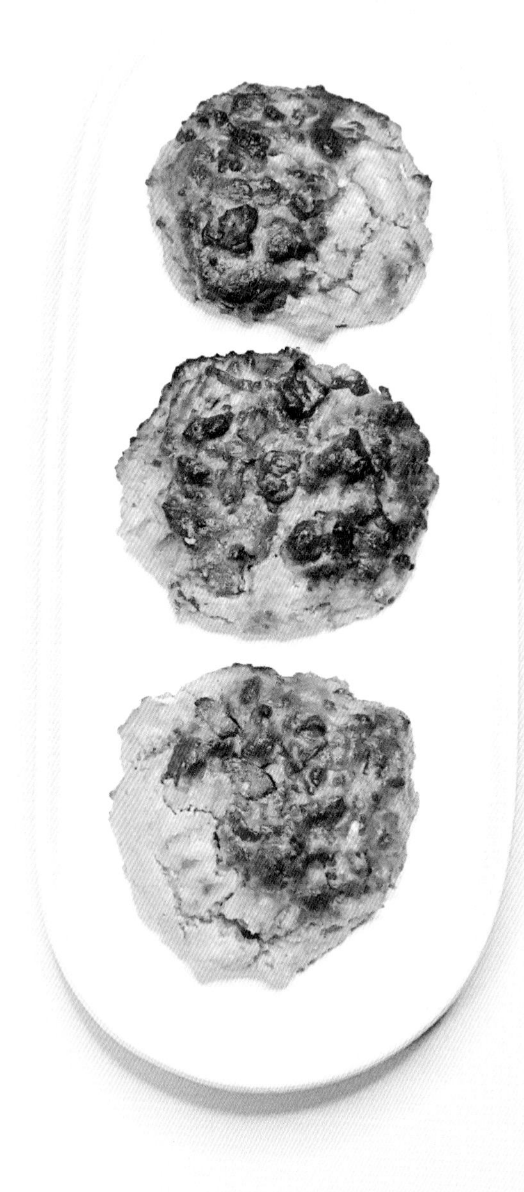

조리도구

에어프라이어

재료 1인분

닭가슴살소시지 … 1/2개
체더치즈 … 1장
양파 … 1/8개
빨간 파프리카 … 1/3개
달걀 … 1개
아몬드가루 … 10숟가락
코코넛오일 … 2숟가락
다진 마늘 … 1/2숟가락
베이킹파우더 … 1/3숟가락
스리라차소스 … 1숟가락
에리스리톨 … 1/2숟가락
소금 … 조금

만드는 법 유튜브 보기

1 그릇에 아몬드가루와 코코넛오일을 넣고 뭉치지 않게 잘 섞어주세요.

2 **1**에 사방 0.5cm 정도로 잘게 썬 닭가슴살소시지, 체더치즈, 양파, 파프리카와 달걀, 다진 마늘, 스리라차소스, 베이킹파우더, 에리스리톨, 소금을 넣고 잘 섞어주세요.

3 에어프라이어에 종이포일을 깔고 **2**의 반죽을 3등분해서 담은 다음 140℃에서 20분간 구워주세요.

TIP 기기에 따라 굽는 시간이 달라질 수 있으니 반죽이 익은 정도를 중간중간 확인하면서 돌려주세요.

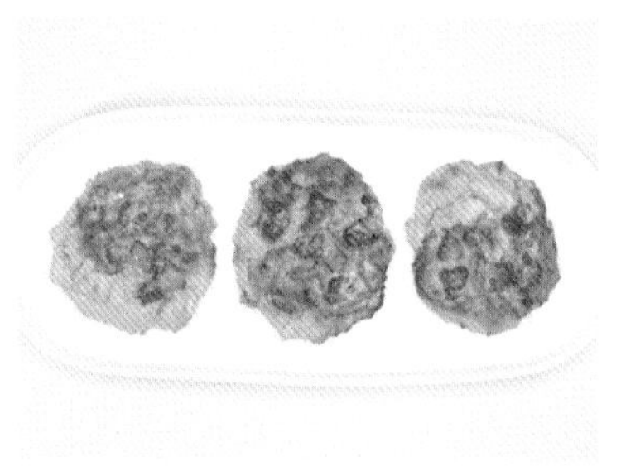

4 그릇에 담고 한 김 식힌 후 맛있게 드세요.

조리도구

전자레인지

재료 1인분

토마토 … 1개
달걀 … 2개
모차렐라치즈 … 30g
아몬드가루 … 5숟가락
다진 마늘 … 1/2숟가락
에리스리톨 … 1/2숟가락
소금 … 조금
후춧가루 … 조금
파슬리가루 … 조금
올리브오일 … 조금

만드는 법
유튜브 보기

1 프라이팬에 올리브오일을 두르고 먹기 좋게 썬 토마토, 달걀 1개, 다진 마늘, 소금을 넣습니다. 달걀은 한쪽에서 스크램블에그를 만들고 토마토는 뭉근해질 때까지 볶은 다음 불을 끄고 후춧가루를 조금 뿌려 섞어주세요.

TIP 볶으면서 벗겨진 토마토껍질을 빼주면 식감이 더 좋아요.

2 전자레인지 용기에 아몬드가루, 달걀 1개, 에리스리톨, 소금을 넣고 잘 섞은 후 **1**의 재료를 넣어 한 번 더 섞어줍니다.

3 **2**에 모차렐라치즈를 올리고 뚜껑을 덮은 후 전자레인지에 4분간 돌려 익혀주세요.

TIP 전자레인지에 따라 익는 시간이 다를 수 있으므로 중간 부분을 잘라보고 덜 익었으면 더 돌려주세요.

4 완성된 토마토빵에 파슬리가루를 뿌려 냅니다.

완두콩스프레드빵

조회수
42.7만

조리도구

전자레인지

재료 1인분

반죽

달걀 … 1개
완두콩앙금 … 1숟가락
아몬드가루 … 5숟가락
베이킹파우더 … 1/3숟가락
에리스리톨 … 1숟가락
소금 … 조금

완두콩앙금

완두콩 … 300g(하룻밤 물에 불려 물기를 제거한 상태)
에리스리톨 … 3숟가락
소금 … 조금
아몬드밀크(무설탕) … 2½컵

1 완두콩앙금 재료를 믹서에 넣고 곱게 갈아서 완두콩앙금을 만들어주세요.

TIP 남은 완두콩앙금은 아몬드밀크와 섞어 먹으면 완두콩라테로 즐길 수 있어요.

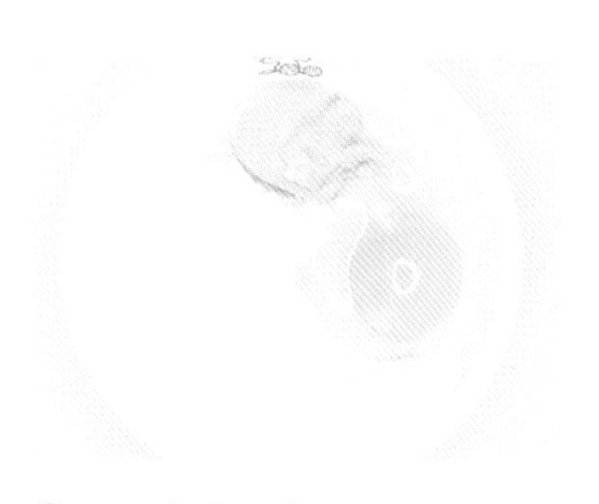

2 그릇에 반죽 재료를 모두 넣고 잘 섞어주세요.

3 **2**의 반죽을 2숟가락 정도만 남기고 다른 전자레인지 용기에 부어준 뒤 **1**에서 만든 완두콩앙금 3숟가락을 올립니다. 그런 다음 남겨둔 반죽 2숟가락을 마저 올리고 다시 완두콩앙금을 2숟가락 올린 다음 전자레인지에 넣고 3분간 돌려주세요.

TIP 이때 그릇에 따로 오일을 바르거나 할 필요는 없어요.

4 **3**을 그릇째로 뒤집어서 도마에 올리고 위에 완두콩앙금 2숟가락을 올려 펼친 다음 반으로 잘라 냅니다.

TIP 숟가락으로 빵 끝을 슬쩍슬쩍 들어준 뒤 뒤집으면 빵이 그릇에서 잘 떨어집니다.

++TIP

• 완두콩 손질
마른 완두콩을 깨끗하게 씻어 용기에 담고 물을 부어 하룻밤 불려줍니다. 물기를 제거한 완두콩(300g 기준)을 그릇에 담고 물 1컵을 넣어 뚜껑을 덮고 전자레인지에 6분간 돌려 익힌 다음 반드시 바로 채반에 부어 찬물에 식혀주세요. 너무 많이 삶으면 메주콩 냄새가 나기 때문에 시간 조절을 잘해야 해요. 사용하는 용기에 따라서도 익는 시간이 달라질 수 있으니 중간에 체크를 해야 합니다.

조리도구

전자레인지

재료 1인분

브로콜리 … 45g
두부 … 1/4모
달걀 … 1개
아몬드가루 … 5숟가락
베이킹파우더 … 1/3숟가락
에리스리톨 … 1½숟가락
소금 … 조금

만드는 법 유튜브 보기

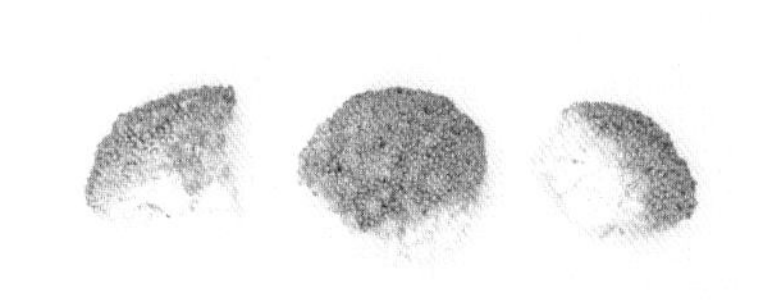

1 브로콜리는 베이킹소다를 푼 물에 깨끗하게 세척한 후 물기를 충분히 털어 준비해주세요.

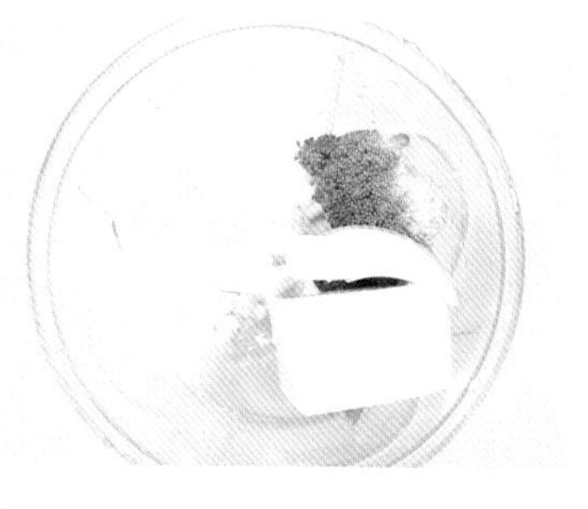

2 채소다지기에 **1**의 브로콜리와 두부, 달걀, 아몬드가루, 베이킹파우더, 에리스리톨, 소금을 넣고 다진 다음 숟가락으로 한 번 더 잘 섞어주세요.

TIP 맛을 보고 에리스리톨과 소금을 더 추가해도 좋아요.

3 전자레인지용 그릇에 **2**의 재료를 부어 평평하게 펼친 뒤 전자레인지에서 5분간 돌려 익혀주세요.

4 **3**의 빵을 그릇에서 꺼낸 뒤 먹기 편한 크기로 잘라 접시에 옮겨 담으면 완성입니다.

TIP 전자레인지 용기에서 잘 떨어지지 않을 때는 숟가락으로 빵의 옆부분을 살짝살짝 들어주면 잘 분리됩니다.

조리도구

전자레인지

재료 1인분

바나나 ··· 2개
달걀 ··· 1개
요거트(무설탕) ··· 2숟가락
시나몬가루 ··· 조금

만드는 법 유튜브 보기

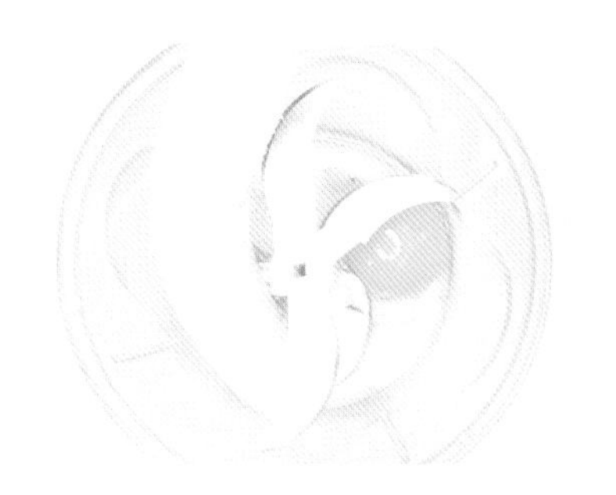

1 채소다지기에 바나나 1개와 달걀을 넣고 다져주세요.

2 전자레인지 받침대 위에 종이포일을 놓고 **1**의 반죽을 모두 부어 평평하게 펼쳐준 뒤 전자레인지에 넣고 4분간 돌려주세요.

TIP 이렇게 하면 종이포일에 반죽을 넣고 전자레인지로 옮길 때 반죽이 쏟아지지 않아요.

3 익힌 **2**에 요거트를 잘 펴 바른 뒤 바나나 1개를 통째로 올려 돌돌 말아주세요.

TIP 바나나가 휘어있으면 말기 힘드니까 일자가 되도록 중간중간 벌려서 일자로 만든 후 얹어주세요.

4 **3**을 반으로 어슷하게 썬 다음 접시에 담고 시나몬가루를 뿌리면 완성입니다.

TIP 코코아가루를 뿌려 먹어도 맛있어요.

조리도구

에어프라이어

재료 1인분

아몬드가루 … 8숟가락
달걀 … 1개
코코넛오일 … 2숟가락
아몬드 슬라이스 … 20g
베이킹파우더 … 1/3숟가락
바닐라오일 … 7방울
에리스리톨 … 2숟가락
소금 … 조금

만드는 법
유튜브 보기

1 그릇에 아몬드가루와 코코넛오일을 넣고 잘 섞어주세요.

2 1에 달걀, 아몬드 슬라이스, 베이킹파우더, 바닐라오일, 에리스리톨, 소금을 넣고 잘 섞어주세요.

3 에어프라이어에 종이포일을 깔고서 2의 반죽을 4등분해 넣은 다음 반죽 위에 아몬드 슬라이스를 2조각씩 올립니다.

4 에어프라이어에서 160℃로 15분간 구운 다음 한 김 식히면 완성입니다.

TIP 에어프라이어 기기에 따라 익는 시간이 달라질 수 있으니 구워진 상태를 확인하면서 시간을 늘리거나 줄여주세요. 식힌 후 먹어야 더 맛있어요.

고구마초코파이

조리도구

가스레인지

재료 1인분

고구마 … 1½g
견과류 … 40g
알룰로스 … 6숟가락
카카오매스 … 1컵(100g)

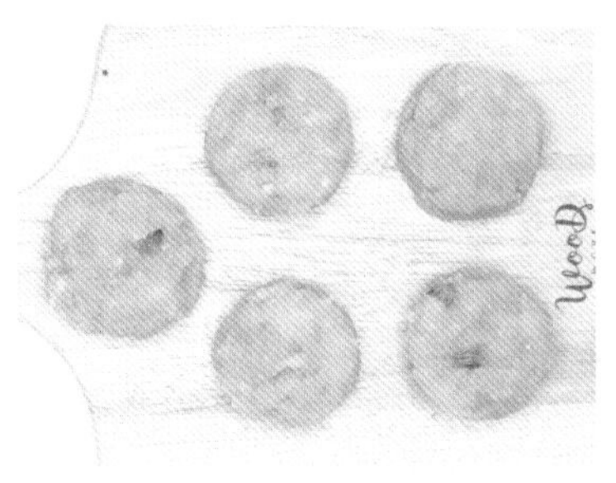

1 고구마를 삶아줍니다. 채소다지기에 삶은 고구마와 견과류를 넣고 다진 다음 알룰로스를 넣고 잘 섞어주세요.

TIP 채소다지기가 없으면 고구마는 포크로 으깨고 견과류는 칼로 다져주세요. 알룰로스 양은 고구마 당도에 맞춰 조절하세요.

2 **1**의 반죽을 동글동글하게 빚어주세요.

3 냄비에 그릇이 잠길 만큼 물을 넣고 그릇에 카카오매스를 넣은 후 센 불에서 중탕으로 녹입니다. 카카오매스가 다 녹으면 **2**의 반죽을 담가 표면에 잘 묻혀주세요.

4 **3**을 종이포일에 올린 후 냉동실에서 1시간 정도 얼렸다가 꺼내면 완성입니다.

++TIP

- **고구마 삶기**
냄비에 깨끗하게 씻은 고구마를 넣고 잠길 정도의 물을 부은 뒤 센 불에서 끓이다 끓어오르면 중간 불로 낮춰서 20~30분 정도 더 익힙니다. 고구마 크기에 따라 익는 시간이 다르니 중간중간 젓가락으로 찔러 쑥 들어가는지 확인해주세요.

- 호박고구마나 꿀고구마를 사용하면 질어서 모양 잡기가 힘들어지기 때문에 밤고구마를 추천합니다. 반죽이 질면 아몬드가루를 넣어 조절하세요. 같이 넣는 카카오매스에 당이 전혀 없기 때문에 반죽은 좀 달아야 맛있어요. 알룰로스 양을 잘 조절해주세요.

조리도구

전자레인지

재료 1인분

애호박 … 1/8개
달걀 … 1개
아몬드가루 … 7숟가락
베이킹파우더 … 1/4숟가락
에리스리톨 … 1숟가락
소금 … 조금
파슬리가루 … 조금
올리브오일 … 조금

만드는 법
유튜브 보기

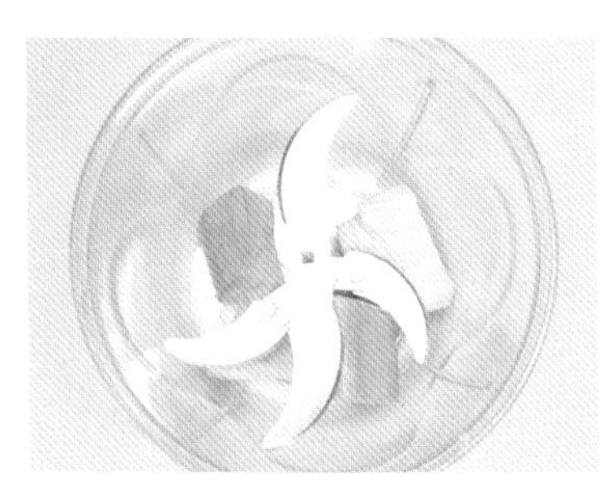

1 채소다지기에 애호박을 넣고 다져주세요.

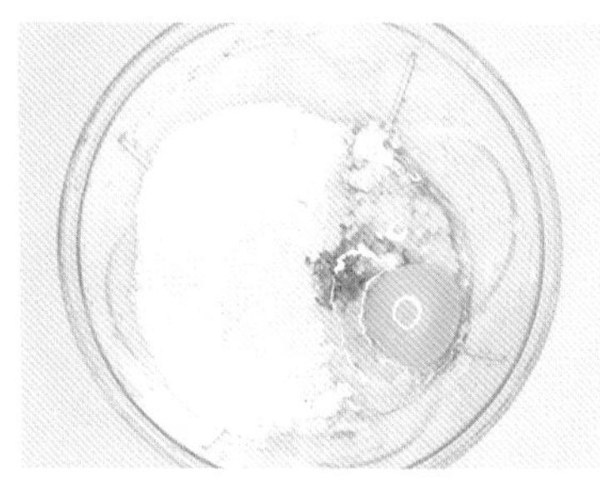

2 **1**에 달걀, 아몬드가루, 베이킹파우더, 에리스리톨, 소금, 파슬리가루를 넣고 잘 섞어주세요.

3 머그컵 안쪽에 올리브오일을 바른 뒤 **2**의 반죽을 넣고 전자레인지에서 3분간 돌려주세요.

4 머그컵에서 떼어낸 **3**의 빵을 접시에 올려 내면 완성입니다.

TIP 애플민트로 장식해주면 모양이 더 살아납니다.

조리도구

에어프라이어

재료 1인분

애호박 … 1/4개
대파 … 30g
달걀 … 1개
체더치즈 … 1장
아몬드가루 … 8숟가락
베이킹파우더 … 1/3숟가락
에리스리톨 … 1숟가락
올리브오일 … 1숟가락
소금 … 조금
파슬리가루 … 조금

만드는 법
유튜브 보기

1 채소다지기에 애호박과 대파를 넣고 다져주세요.

TIP 가급적 생 대파를 사용해주세요. 그래야 파 향이 제대로 나서 더 맛있어요.

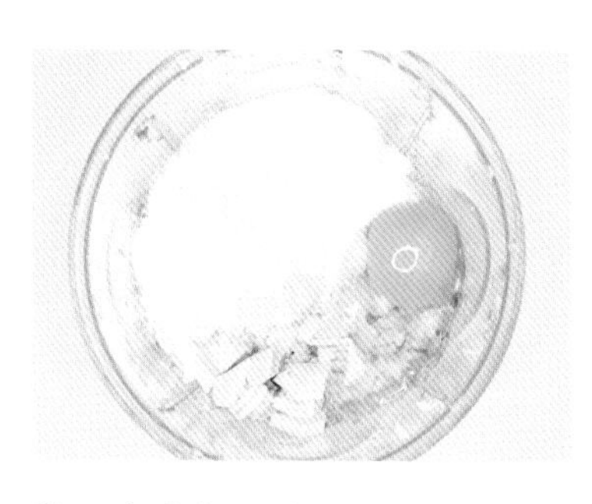

2 **1**에 달걀, 사방 1cm 크기로 자른 체더치즈, 아몬드가루, 베이킹파우더, 에리스리톨, 올리브오일, 소금을 넣고 잘 섞어주세요.

3 에어프라이어에 종이포일을 깔고 **2**의 반죽을 3등분해서 넣은 뒤 160℃에서 15분간 익혀주세요.

TIP 기기에 따라 중간 부분이 잘 안 익을 수도 있어요. 그럴 땐 전자레인지에 넣고 2분 정도 추가로 돌리면 속까지 잘 익는답니다.

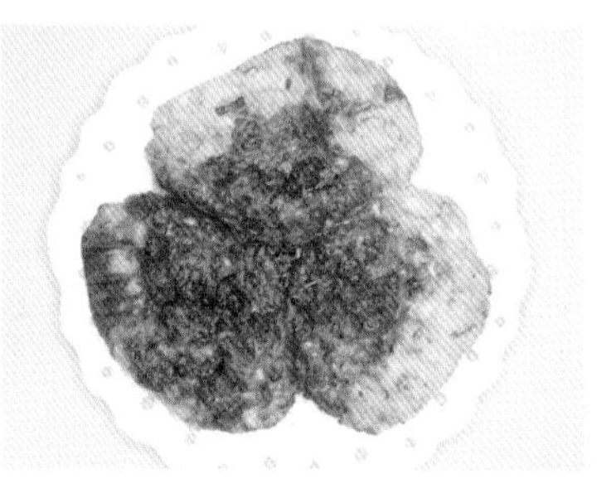

4 접시에 옮겨 담고 파슬리가루를 뿌린 후 한 김 식혀서 맛있게 드세요.

TIP 뜨거울 때보다 식은 뒤 먹는 게 더 맛있어요.

바나나초코케이크

조리도구

전자레인지

재료 1인분

바나나 … 2개
달걀 … 1개
아몬드가루 … 7숟가락
베이킹파우더 … 1/3숟가락
에리스리톨 … 1숟가락
코코아가루(무설탕) … 2½숟가락
바닐라오일 … 8방울
소금 … 조금

만드는 법 유튜브 보기

1 바나나 1개를 전자레인지 용기에 넣고 포크로 잘 으깨주세요.

TIP 1개에 110g 정도 되는 바나나를 사용했어요.

2 **1**의 바나나에 달걀, 아몬드가루, 베이킹파우더, 에리스리톨, 코코아가루 2숟가락, 바닐라오일, 소금을 넣고 잘 섞어주세요.

TIP 이때 코코아가루는 2숟가락만 사용합니다. 1/2숟가락은 나중에 사용할 거예요.

3 바나나 1개를 0.5cm 두께로 어슷하게 썬 다음 **2**의 반죽 위에 펼쳐 올립니다. 뚜껑을 덮어 전자레인지에서 4분간 돌려주세요.

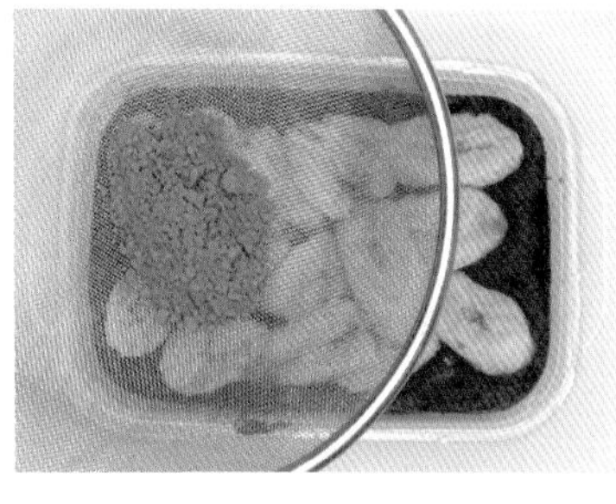

4 코코아가루 1/2숟가락을 체로 쳐서 **3** 위에 뿌린 후 하루 동안 냉장실에 뒀다가 꺼내면 완성입니다.

TIP 바로 먹어도 되지만 하루 동안 냉장한 후 먹는 게 훨씬 더 촉촉하고 맛있어요.

++TIP

- 베이킹소다와 베이킹파우더가 비슷해 보여서 베이킹소다를 사용하는 경우도 있는데 그러면 쓴맛이 나요. 꼭 베이킹파우더를 사용해주세요.

두부크림당근케이크

조리도구

전자레인지

재료 1인분

호두 … 조금
타임 … 조금

케이크 반죽

두부 … 1/4모
당근 … 1/4개
호두 … 15g
달걀 … 1개
아몬드가루 … 6숟가락
코코넛 슬라이스 … 1숟가락
베이킹파우더 … 1/3숟가락
시나몬가루 … 조금
에리스리톨 … 1숟가락
코코넛오일 … 1숟가락
바닐라오일 … 10방울
소금 … 조금

두부크림

두부 … 3/4개
체더치즈 … 2장
바닐라오일 … 10방울
에리스리톨 … 2숟가락
소금 … 조금

만드는 법 유튜브 보기

1 채소다지기에 케이크 반죽 재료를 모두 넣고 곱게 다집니다. 다진 재료를 전자레인지 그릇에 옮겨 평평하게 펼친 다음 전자레인지에서 5분간 익혀주세요.

TIP 오일이 들어가 있어 그릇에 따로 기름을 바르지 않아도 잘 떨어져요.

2 높이가 좀 있는 그릇에 두부크림 재료를 모두 넣고 핸드블렌더로 곱게 갈아주세요.

TIP 블렌더 사용 전에 재료를 숟가락으로 섞어주고 나서 갈면 밖으로 튀어나가는 게 덜해요.

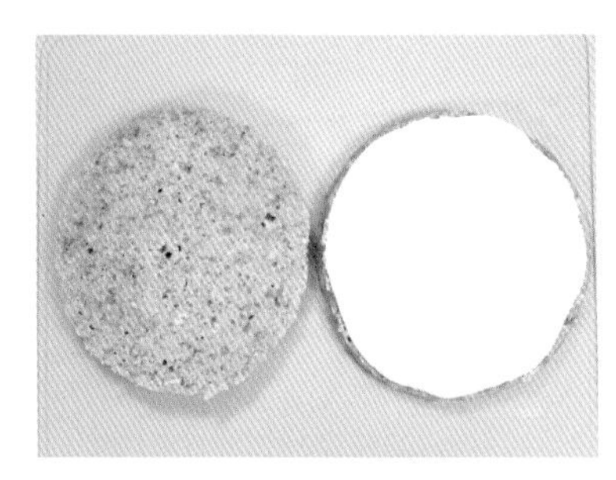

3 **1**에서 구운 빵을 가로로 반으로 가른 뒤 한쪽 단면에 **2**의 두부 크림의 절반을 올려 잘 펼친 다음 빵으로 덮어주세요.

4 **3**의 윗면에 나머지 두부크림을 올려 펼친 뒤 호두와 타임을 올려서 완성합니다.

TIP 크림이 좀 묽다 싶으면 1시간 정도 냉동시켰다가 꺼내세요. 타임은 생략 가능해요. 시나몬가루를 위에 뿌려줘도 좋아요.

조리도구

가스레인지

재료 1인분

바나나 … 1개
에리스리톨 … 1숟가락
카카오가루 … 1/2숟가락
시나몬가루 … 조금
아몬드 슬라이스 … 조금

반죽

달걀 … 1개
아몬드가루 … 8숟가락
베이킹파우더 … 1/4숟가락
아몬드밀크(무설탕) … 5숟가락
바닐라오일 … 8방울
올리브오일 … 1숟가락
에리스리톨 … 1숟가락
소금 … 조금

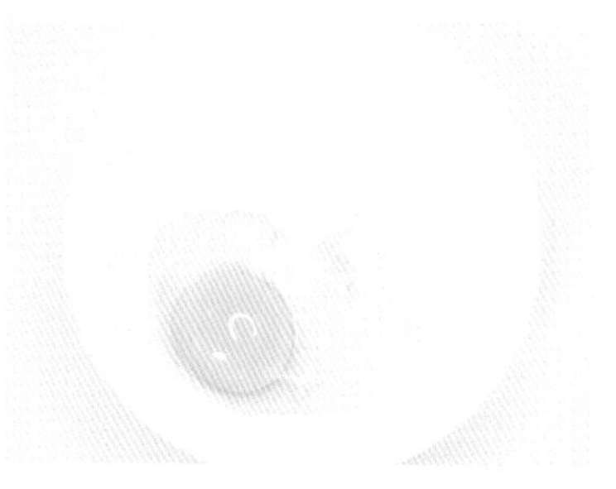

1 그릇에 반죽 재료를 모두 넣고 잘 섞어주세요.

2 기름을 두르지 않은 프라이팬에 에리스리톨 1숟가락을 골고루 뿌린 뒤 바나나를 얇고 어슷하게 썰어 올려주세요.

TIP 에리스리톨 대신 올리브오일을 살짝 발라 구워도 좋아요.

3 **2**의 바나나 위에 **1**의 반죽을 모두 붓고 평평하게 만듭니다. 뚜껑을 덮고 약한 불에서 10분 정도 구운 후 불을 끄고 5분간 뜸을 들여주세요.

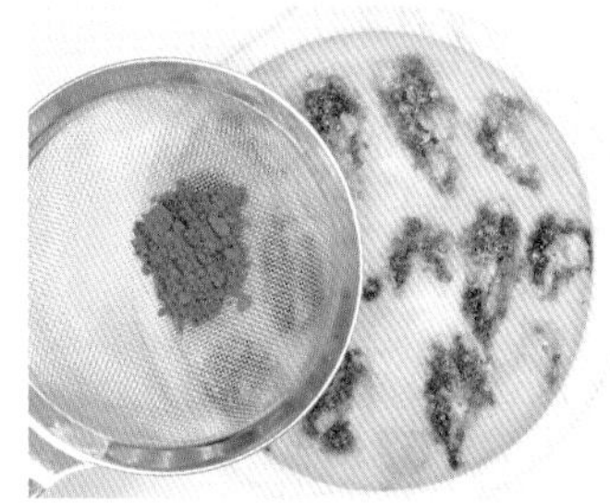

4 접시에 **3**을 뒤집은 채로 올린 뒤 체를 이용해 카카오가루를 뿌리고 시나몬가루도 원하는 만큼 뿌린 뒤 아몬드 슬라이스를 올려 완성합니다.

TIP 식은 뒤 먹어야 훨씬 맛있답니다. 하루 정도 냉장 보관했다가 먹어도 좋습니다.

조리도구

전자레인지

재료 1인분

쑥가루 … 1숟가락
달걀 … 1개
아몬드가루 … 6숟가락
베이킹파우더 … 1/4숟가락
에리스리톨 … 1숟가락
소금 … 조금

만드는 법
유튜브 보기

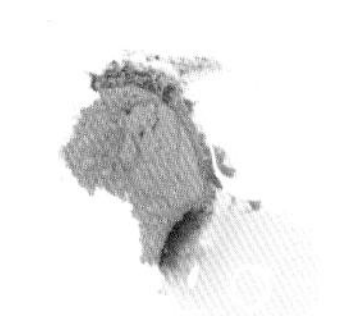

1 그릇에 재료를 모두 넣고 잘 섞어주세요.

TIP 쑥가루는 시중에 파는 100% 쑥가루를 구입해서 사용했어요. 잘게 자른 견과류를 1숟가락 정도 추가해도 맛있어요.

2 전자레인지 용기에 **1**의 반죽을 넣고 뚜껑을 덮지 않은 채로 1분 30초간 돌려주세요.

TIP 전자레인지와 용기 두께에 따라 익는 시간이 달라질 수 있으니 체크해주세요. 젓가락으로 찔러봤을 때 묻어나는 게 없으면 다 익은 거예요.

3 **2**를 먹기 좋은 크기로 잘라 접시에 담아주세요.

조회수
5.3만

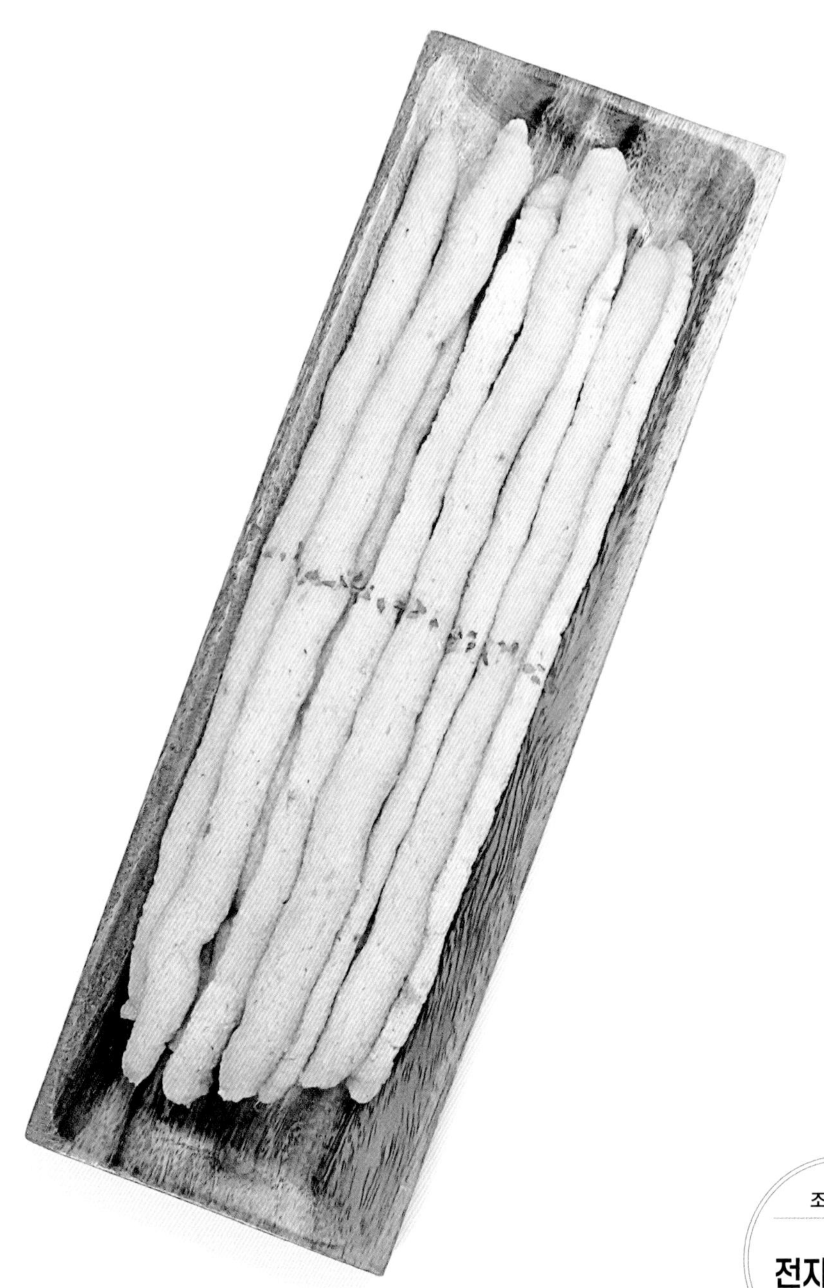

조리도구

전자레인지

재료 1인분

고구마 … 1개
달걀 … 1개
아몬드가루 … 5숟가락
베이킹파우더 … 1/3숟가락
시나몬가루 … 조금
바닐라오일 … 8방울
에리스리톨 … 1숟가락
소금 … 조금

만드는 법
유튜브 보기

1 고구마는 삶아서 으깨주세요.

TIP 저는 꿀고구마를 사용했어요. 호박고구마를 쓰면 수분이 많아서 아몬드가루를 더 추가해야 해요. 추천하는 종류는 밤고구마입니다.

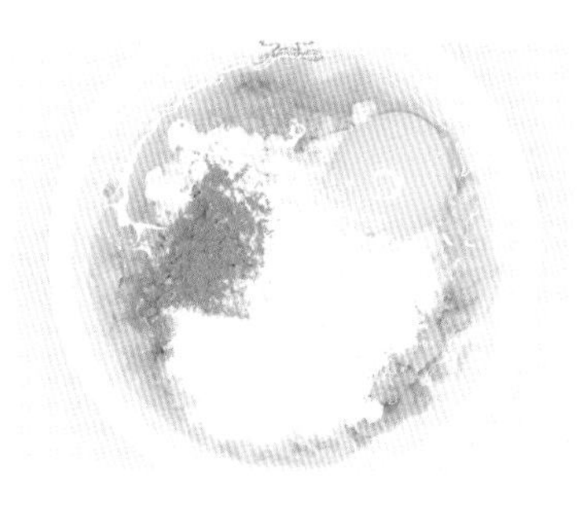

2 **1**의 고구마에 달걀, 아몬드가루, 베이킹파우더, 시나몬가루, 바닐라오일, 에리스리톨, 소금을 넣고 잘 섞어주세요.

TIP 섞은 뒤 맛을 보고 간을 맞춰주세요.

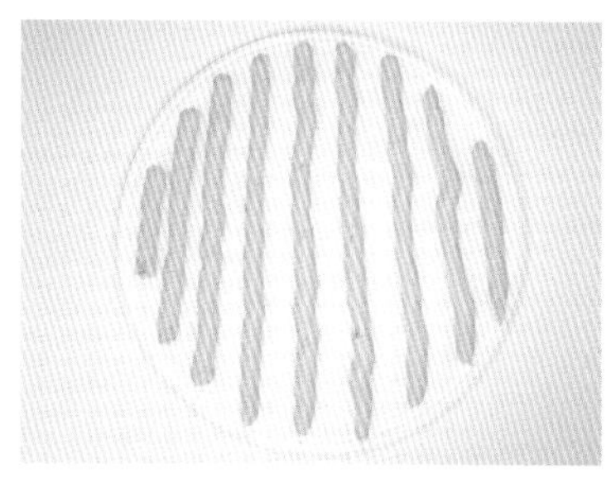

3 지퍼백에 **2**의 반죽을 모두 넣고 모서리 부분을 삼각형 모양으로 조금 잘라 짤주머니 모양을 만듭니다. 전자레인지 받침대 위에 종이포일을 깐 뒤 길쭉하게 반죽을 짜서 모양을 잡은 후 전자레인지에 넣고 5분간 돌려주세요.

TIP 뒤집어서 2분 더 추가로 돌리면 좀 더 바삭한 쿠키 식감을 낼 수 있어요.

4 전자레인지에서 꺼낸 뒤 뒤집어서 한 김 식히면 완성입니다.

++TIP

● **고구마 삶기**
냄비에 깨끗하게 씻은 고구마를 넣고 잠길 정도의 물을 부은 뒤 센 불에서 끓이다 끓어오르면 중간 불로 낮춰서 20~30분 정도 더 익힙니다. 고구마 크기에 따라 익는 시간이 다르니 중간중간 젓가락으로 찔러 쑥 들어가는지 확인해주세요.

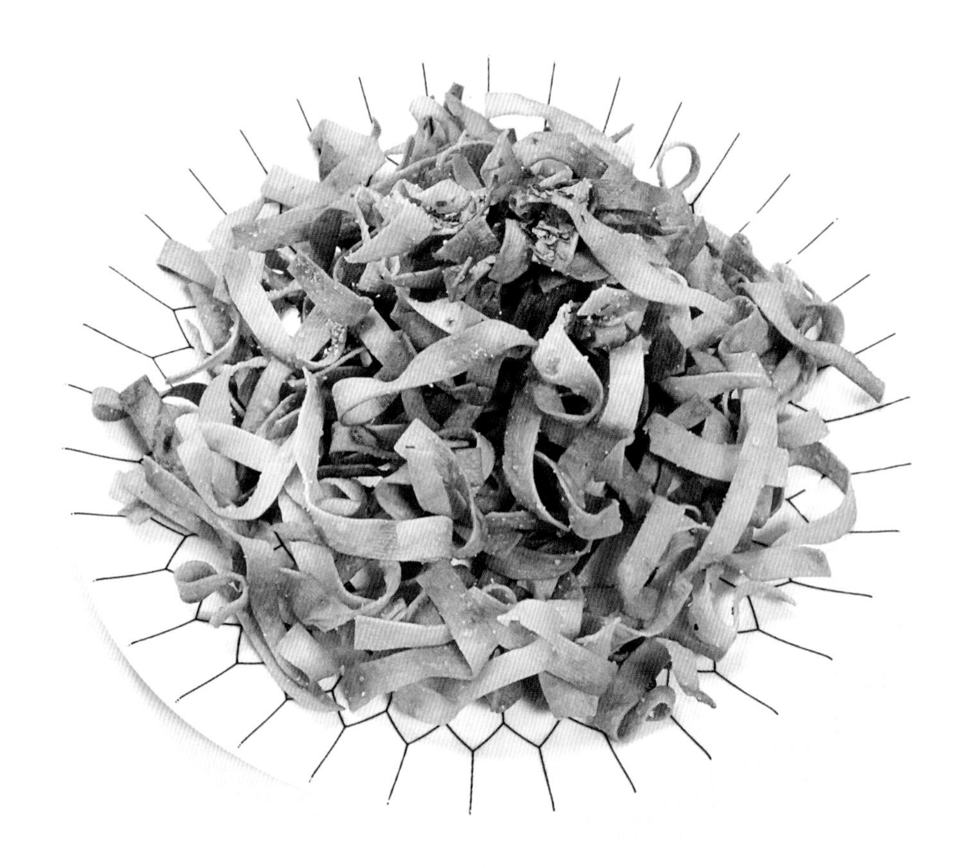

조리도구

에어프라이어

재료 1인분

포두부 … 110g
다진 마늘 … 1숟가락
올리브오일 … 2숟가락
에리스리톨 … 2숟가락
소금 … 조금
파슬리가루 … 조금

만드는 법
유튜브 보기

1 포두부는 물기를 제거한 뒤 0.5cm 폭으로 길쭉하게 잘라 준비해주세요.

TIP 키친타월 등으로 포두부의 물기를 충분히 제거해야 바삭하게 구워져요.

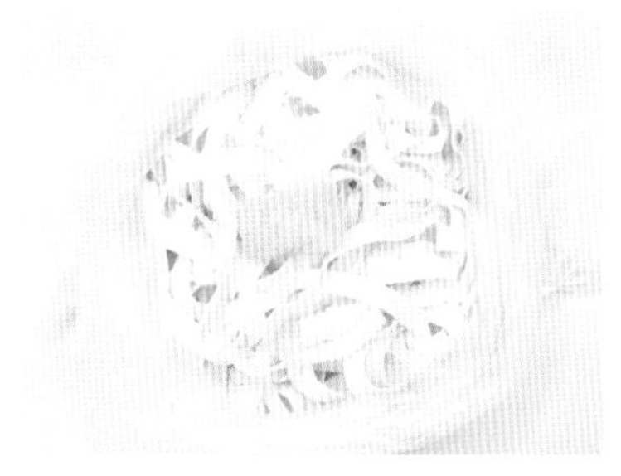

2 위생봉투에 **1**의 포두부를 넣고 다진 마늘, 올리브오일, 에리스리톨, 소금을 넣고 잘 섞은 뒤 맛을 보고 부족한 간을 맞춰주세요.

TIP 코코넛 향을 좋아하면 올리브오일 대신 코코넛오일을 사용해도 괜찮습니다.

3 에어프라이어에 **2**의 포두부를 뭉치지 않게 잘 넣은 다음 180℃에서 5분간 구워주고 뒤집어서 160℃에서 5분 더 구워주세요.

TIP 에어프라이어에 따라 구워지는 시간이 달라질 수 있으니 중간에 상태를 확인해주세요.

4 구운 포두부칩을 접시에 옮겨 담은 뒤 뜨거울 때 에리스리톨을 조금 뿌려 버무립니다. 마지막으로 파슬리가루를 뿌려 완성하세요.

TIP 완전히 식은 뒤 먹어야 바삭한 식감을 즐길 수 있습니다.

조리도구

가스레인지

재료 1인분

모차렐라치즈 … 60g
코코넛 슬라이스 … 3숟가락
아몬드 슬라이스 … 조금

만드는 법 유튜브 보기

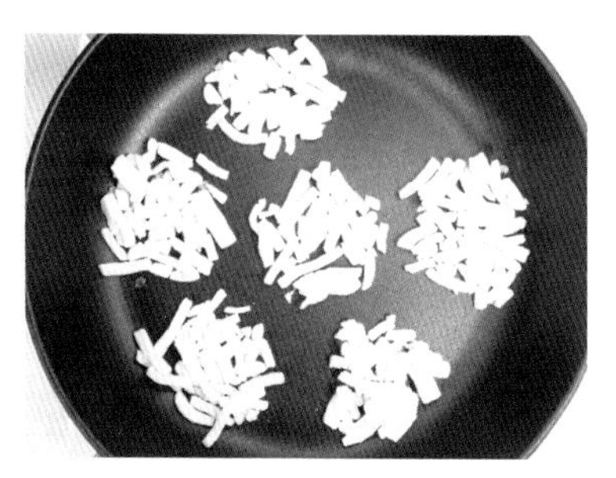

1 기름을 두르지 않은 프라이팬에 모차렐라치즈를 1숟가락씩 떠서 올려주세요.

TIP 이때 꼭 약한 불을 유지해주세요. 모차렐라치즈는 1숟가락에 10g 정도입니다.

2 **1**의 치즈 위에 코코넛 슬라이스를 1/2숟가락씩 각각 올리고 그 위에 아몬드 슬라이스를 2조각씩 올린 후 약한 불에서 노릇해질 때까지 천천히 구워주세요.

3 **2**의 아랫면이 노릇하게 구워지면 뒤집어서 다른 면도 노릇해질 때까지 약한 불에서 구워줍니다.

TIP 겉이 까실까실해질 때까지 바짝 구워주세요.

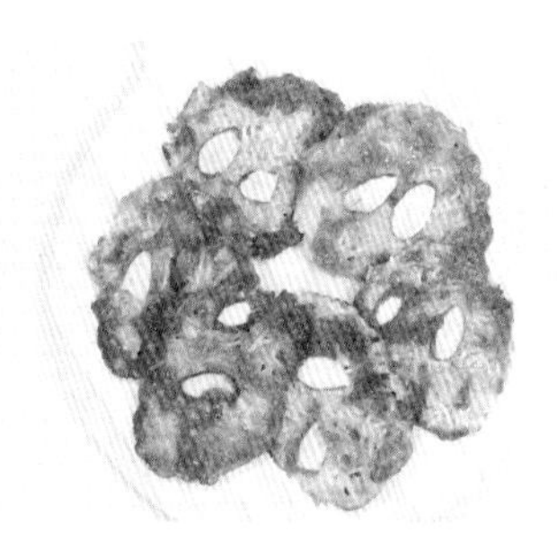

4 접시에 옮겨 담고 충분히 식힌 뒤 드세요.

조리도구

전자레인지

재료 1인분

참깨 … 1숟가락
아몬드가루 … 7숟가락
에리스리톨 … 1숟가락
물 … 2숟가락
소금 … 조금
파슬리가루 … 조금

만드는 법 유튜브 보기

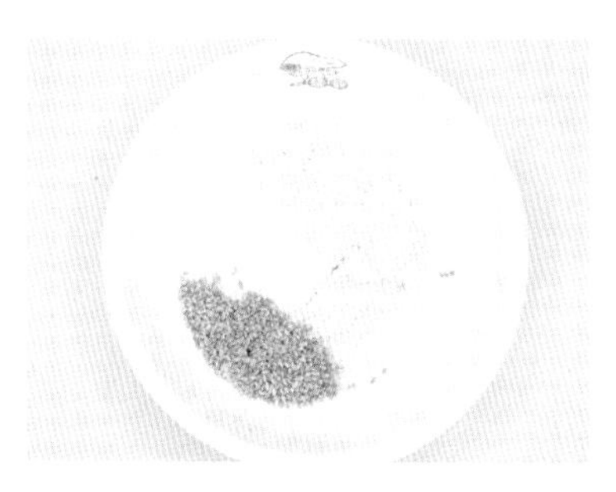

1 그릇에 참깨, 아몬드가루, 에리스리톨, 물, 소금을 넣고 잘 섞어주세요.

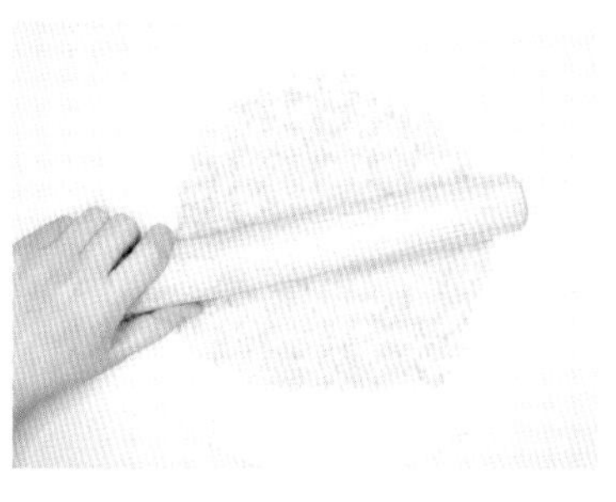

2 종이포일 위에 **1**의 반죽을 올리고 반죽 위에 종이포일을 하나 더 덮은 뒤 밀대로 최대한 얇게 밀어주세요.

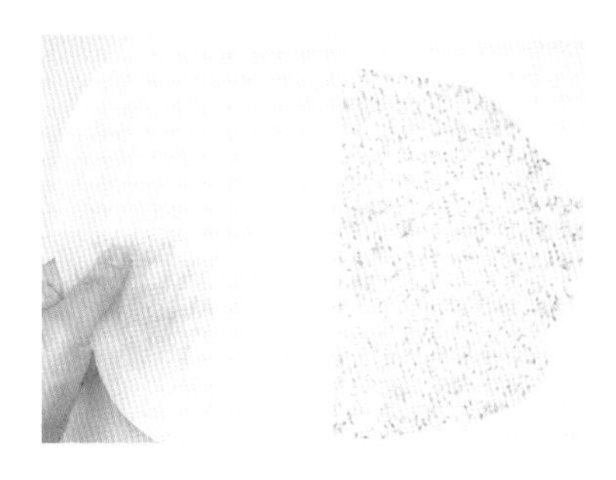

3 **2**의 위에 덮은 종이포일을 떼어내고 전자레인지에 넣어 2분간 돌립니다. 뒤집어서 다시 전자레인지에서 30초간 돌려 꺼낸 뒤 가위로 원하는 모양으로 잘라주세요.

TIP 전자레인지에 따라 익는 시간이 달라질 수 있으니 중간에 익은 정도를 봐서 시간을 조절해주세요.

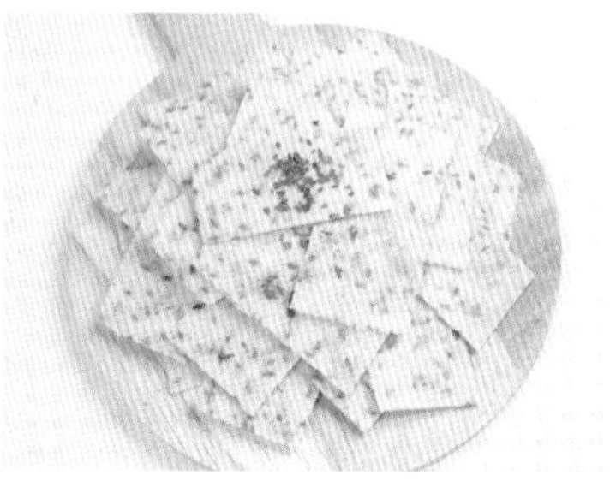

4 구워진 크래커를 접시에 옮겨 담고 파슬리가루를 뿌려주면 완성입니다.

TIP 파슬리가루는 생략 가능해요.

조리도구

전자레인지

재료 1인분

오트밀 … 10숟가락
요거트(무설탕) … 3숟가락
달걀 … 1개
참깨 … 조금
에리스리톨 … 1숟가락
소금 … 조금

콩고물

볶은 병아리콩가루 … 2숟가락
에리스리톨 … 1/2숟가락
소금 … 조금

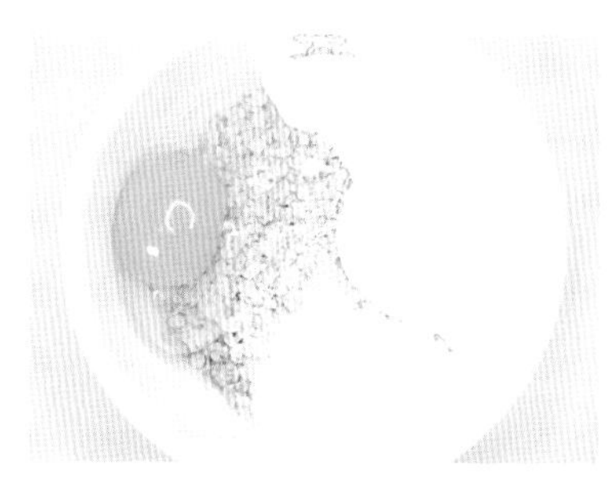

1 그릇에 오트밀, 요거트, 달걀, 에리스리톨, 소금을 넣고 섞어주세요.

TIP 요거트는 숟가락에 듬뿍 담아서 3숟가락 사용했어요.

2 **1**의 반죽을 전자레인지 용기에 담고 전자레인지에서 4분간 돌려주세요.

TIP 이때 뚜껑은 덮지 않았어요. 두꺼운 유리 용기는 4분, 얇은 전자레인지용 플라스틱 용기는 3분 정도면 익습니다. 반죽을 만져봤을 때 손에 묻어나지 않으면 다 된 거예요. 너무 오래 돌리면 딱딱해질 수 있으니 주의하세요.

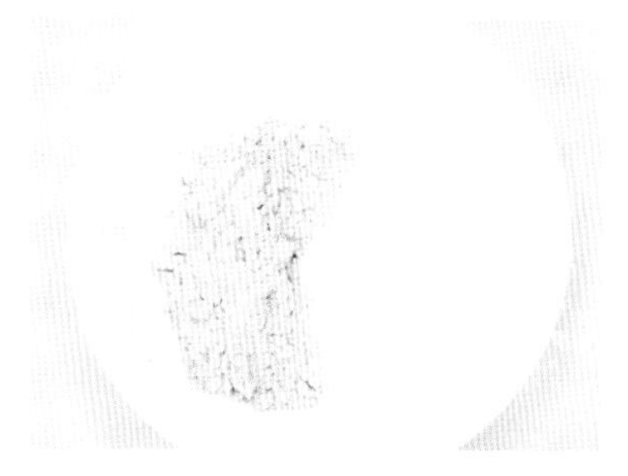

3 믹서에 콩고물 재료를 모두 넣고 곱게 갈아서 콩고물을 만들어주세요.

TIP 믹서에 갈지 않고 섞으면 가루와 에리스리톨이 따로 놀아요. 병아리콩가루 대신 일반 콩가루를 써도 됩니다.

4 **2**의 반죽을 용기에서 꺼내 먹기 좋은 크기로 자르고 **3**의 콩고물을 묻힌 후 참깨를 뿌려주면 완성입니다.

TIP 식은 뒤에 먹어야 더 쫄깃하고 맛있어요.

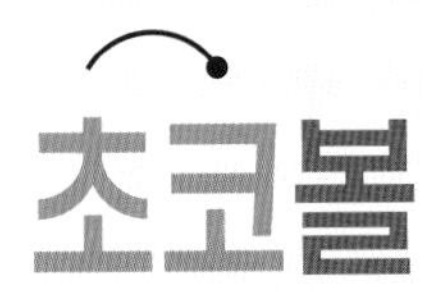

조리도구

가스레인지

재료 1인분

카카오매스 … 1컵(100g)
알룰로스 … 4숟가락

1 냄비에 그릇이 잠길 만큼 물을 넣고 그릇에 카카오매스를 넣어 센 불에서 중탕하면서 녹여주세요.

TIP 카카오매스 1컵은 100g 정도입니다.

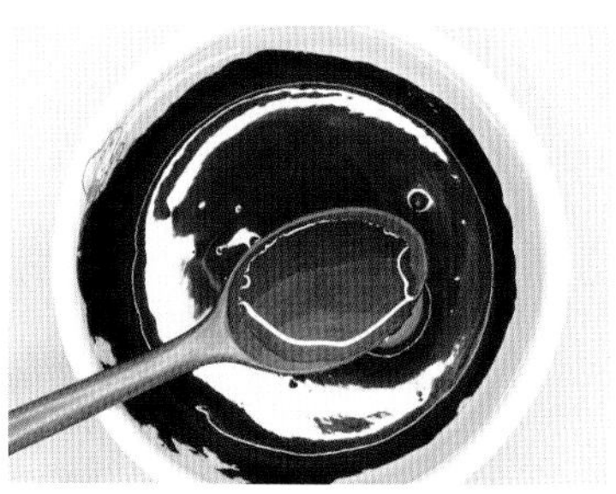

2 **1**의 그릇을 냄비 밖으로 꺼낸 뒤 녹은 카카오매스에 알룰로스를 넣고 빠르게 섞어주세요.

TIP 맛을 보고 더 달게 만들고 싶다면 알룰로스를 추가하면 됩니다. 식으면 점점 굳어서 매우 뻑뻑해지는 게 정상이니 놀라지 마세요.

3 **2**의 반죽을 조금씩 뜯어서 원하는 대로 형태를 만들어주세요.

TIP 알룰로스를 넣고 섞는 과정에서 반죽이 금방 식어요. 손으로 만져도 크게 뜨겁지 않답니다.

4 **3**의 초코볼을 종이포일에 올려서 냉동실에 30분 정도 뒀다 꺼내면 완성입니다.

TIP 종이포일에 올려뒀기 때문에 쉽게 잘 떨어져요.

조리도구

없음

재료 1인분

오트밀 … 3숟가락
아몬드가루 … 2숟가락
호박씨 … 1숟가락
땅콩버터(무설탕) … 2숟가락
알룰로스 … 1숟가락
소금 … 조금

만드는 법
유튜브 보기

1 그릇에 오트밀, 아몬드가루, 호박씨, 소금을 넣고 섞어주세요.

TIP 호박씨는 볶은 것을 사용했어요.

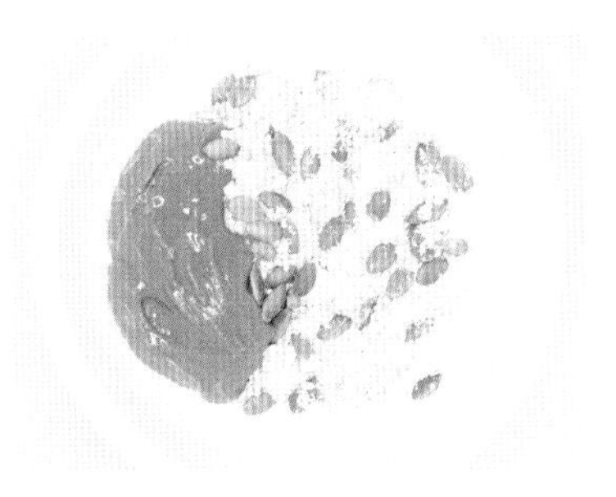

2 **1**에 땅콩버터와 알룰로스를 넣고 다시 섞어주세요.

TIP 맛을 보고 입맛에 맞게 알룰로스와 소금 양을 조절하세요. 땅콩버터 2숟가락은 35g 정도입니다.

3 위생장갑을 끼고 **2**의 반죽을 동글동글 한 입 크기로 모양을 잡아주면 완성입니다.

TIP 냉동, 냉장 보관 모두 가능합니다.

블루베리아이스크림

조회수
9.7만

조리도구

믹서

재료 1인분

블루베리 … 110g
요거트(무설탕) … 180g
호두 … 20g
체더치즈 … 1장
에리스리톨 … 1½숟가락
소금 … 조금
블루베리(토핑용) … 7~10알

만드는 법 유튜브 보기

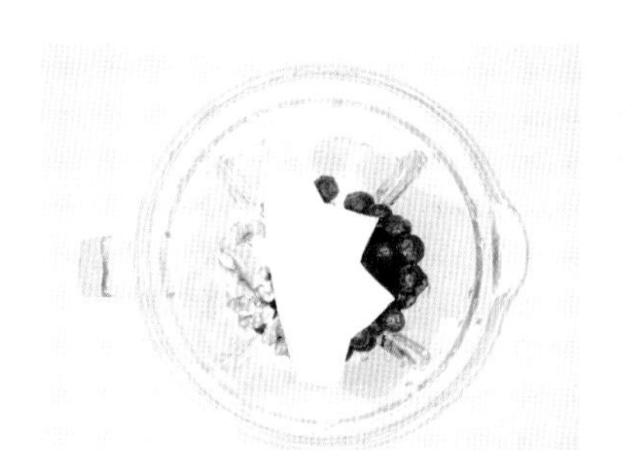

1 믹서에 블루베리, 요거트, 호두, 체더치즈, 에리스리톨, 소금을 넣고 곱게 갈아주세요.

TIP 소금을 약간 넣어야 진한 맛이 나요. 맛을 봐가면서 조금씩 넣어주세요.

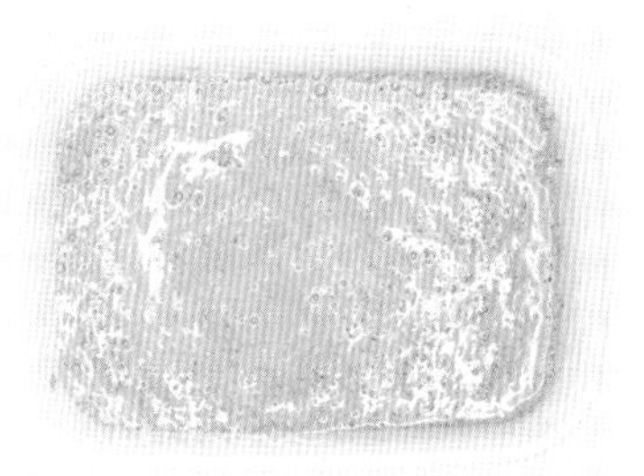

2 냉동 가능한 용기에 **1**의 반죽을 모두 넣고 뚜껑을 덮은 뒤 냉동실에 넣어 하룻밤 얼려주세요.

TIP 이틀 정도 지난 후에 꺼내 먹어도 맛있어요.

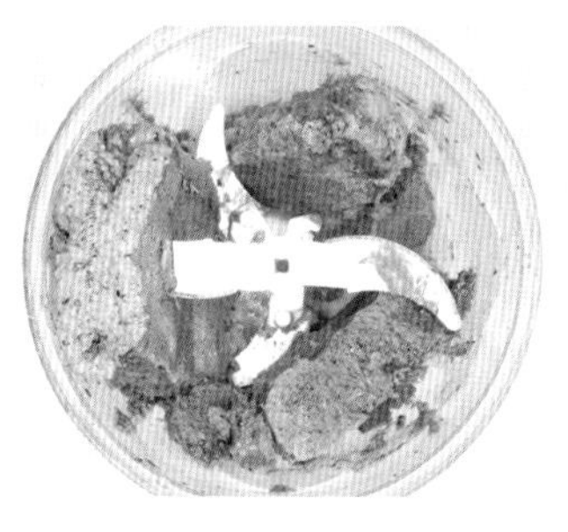

3 **2**를 꺼내서 실온에 살짝 녹인 뒤 채소다지기에 넣고 다져주세요.

4 **3**을 그릇에 담고 토핑용 블루베리를 올려 완성해주세요.

조리도구

믹서

재료 1인분

바나나 … 1개

롤 반죽

아몬드가루 … 3숟가락
베이킹파우더 … 1/4숟가락
에리스리톨 … 1/2숟가락
바닐라오일 … 8방울
소금 … 조금

두부바나나크림

두부 … 1/2모
바나나 … 1개
카카오가루 … 2숟가락
에리스리톨 … 1숟가락
바닐라오일 … 8방울
소금 … 조금

만드는 법 유튜브 보기

1 그릇에 롤 반죽 재료를 모두 넣고 잘 섞습니다. 전자레인지 받침 위에 종이포일을 깔고 반죽을 네모 모양으로 펼친 뒤 전자레인지에 넣고 2분간 돌려주세요. 꺼내서 종이포일을 조심히 떼어 낸 다음 식혀주세요.

TIP 롤 반죽을 프라이팬에 굽는 것도 가능합니다.

2 두부는 키친타월로 물기를 제거합니다. 높이가 있는 그릇에 두부바나나크림 재료를 모두 넣은 다음 카카오가루가 날리지 않게 숟가락으로 섞은 뒤 핸드블렌더를 이용해 곱게 갈아주세요.

TIP 바나나 당도에 따라 단 정도가 달라질 수 있으니 맛을 보고 에리스리톨 분량을 조절해주세요. 소금은 꼭 넣어주세요. 소금을 넣어야 진한 초콜릿 맛이 나요.

3 매직랩의 끈적한 부분이 밑으로 가게 놓고 **1**의 반죽을 올린 뒤 **2**의 두부바나나크림을 올려 펼쳐줍니다. 여기에 바나나 1개를 올린 다음 말아주세요. 매직랩을 끈적한 부분이 안으로 오게 놓고 한 번 더 팽팽하게 만 다음 하룻밤 냉동해주세요.

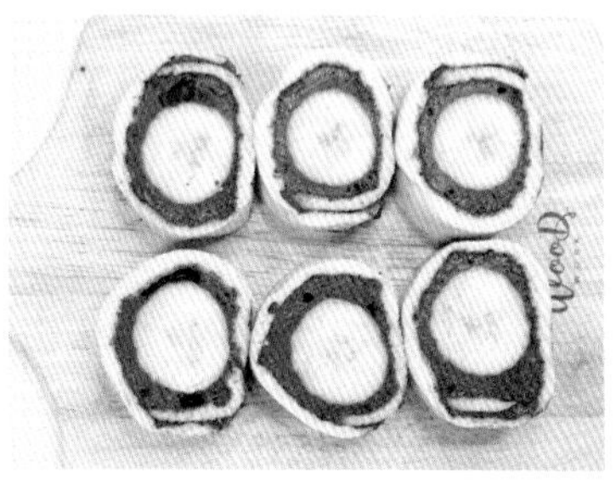

4 냉동실에서 **3**을 꺼내 실온에서 살짝 녹인 후 랩을 벗기고 먹기 좋은 크기로 잘라 완성해주세요.

TIP 한 입 크기로 잘라서 먹으면 좋아요.

++TIP

- 두부의 물기를 잘 제거하지 않았거나 후숙이 많이 진행된 바나나를 사용하면 반죽이 묽어질 수도 있어요. 반죽이 묽어졌을 때는 냉동실에 30분~1시간 정도 뒀다 사용하면 살짝 얼어서 형태를 잡을 때 좀 더 편리합니다.

두부흑임자아이스크림

조리도구

믹서

재료 1인분

두부 … 1/2모
흑임자 … 2숟가락
아몬드밀크(무설탕) … 1/3팩
에리스리톨 … 2숟가락
소금 … 조금
흑임자(토핑용) … 조금

만드는 법 유튜브 보기

1 믹서에 두부, 흑임자, 아몬드밀크, 에리스리톨, 소금을 넣고 곱게 갈아주세요.

TIP 소금을 너무 조금 넣으면 맛이 없어요. 맛을 보면서 적당히 넣어주세요.

2 **1**을 냉동 가능한 용기에 넣고 뚜껑을 닫은 후 냉동실에서 하룻밤 얼려주세요.

TIP 이틀 정도 충분히 얼려뒀다 먹어도 좋아요.

3 냉동실에서 **2**를 꺼내 실온에서 살짝 녹인 뒤 반으로 잘라서 채소다지기에 넣고 잘 다져주세요.

4 아이스크림 컵에 담고 토핑으로 흑임자를 올려 완성해주세요.

TIP 살짝 녹았을 때 먹으면 더 맛있어요.

조리도구

전자레인지

재료 1인분

인스턴트 커피가루 … 2g
생크림 … 1컵
에리스리톨 … 2숟가락
소금 … 조금
인스턴트 커피가루(토핑용)
… 조금

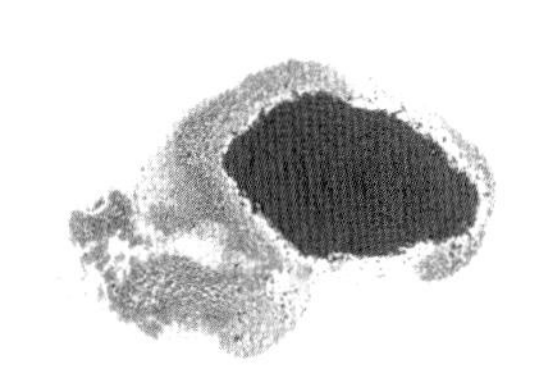

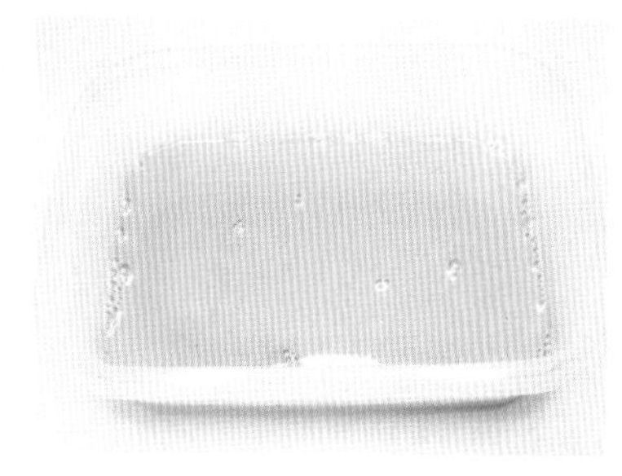

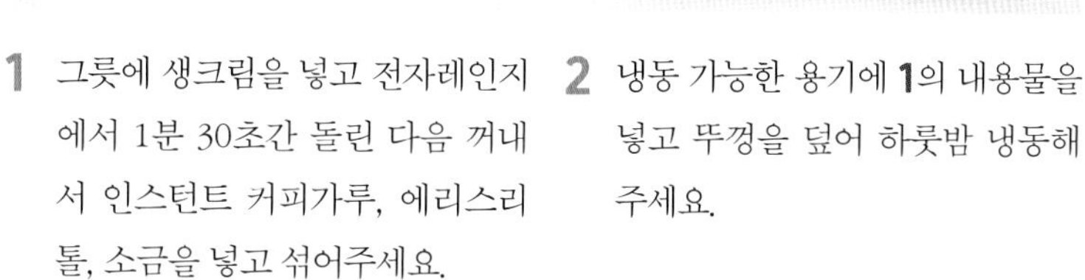

1 그릇에 생크림을 넣고 전자레인지에서 1분 30초간 돌린 다음 꺼내서 인스턴트 커피가루, 에리스리톨, 소금을 넣고 섞어주세요.

TIP 생크림을 따뜻하게 만들어야 커피가 잘 녹아요. 생크림 대신 우유를 써도 됩니다. 소금을 조금 넣어야 진한 맛이 납니다.

2 냉동 가능한 용기에 **1**의 내용물을 넣고 뚜껑을 덮어 하룻밤 냉동해주세요.

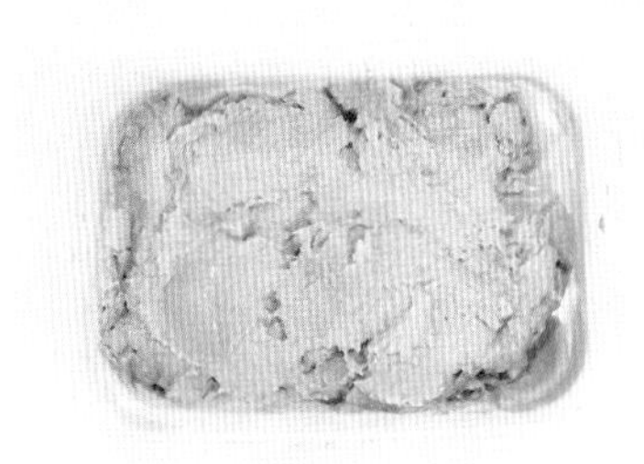

3 **2**를 냉동실에서 꺼낸 뒤 숟가락으로 으깨주세요.

TIP 생크림이 들어가서 채소다지기에 다지지 않아도 잘 으깨져요. 다른 아이스크림보다 빨리 녹으니 실온에 오래 두지 마세요.

4 아이스크림용 컵에 담고 위에 커피가루를 조금 뿌려 완성합니다.

두부초코아이스크림롤

조리도구

가스레인지

재료 1인분

카카오가루(무설탕) … 1/2숟가락
올리브오일 … 조금

빵 반죽

달걀 … 1개
아몬드가루 … 3숟가락
에리스리톨 … 1숟가락
바닐라오일 … 5방울
소금 … 조금

두부초코크림

두부 … 1모
에리스리톨 … 2숟가락
카카오가루(무설탕) … 3숟가락
소금 … 조금

만드는 법 유튜브 보기

1 그릇에 빵 반죽 재료를 모두 넣고 잘 섞습니다. 올리브오일을 두른 프라이팬에 빵 반죽을 넣고 약한 불에서 굽다가 뒤집은 다음 불을 끕니다. 뒷면은 잔열로 익힌 뒤 충분히 식혀주세요.

2 높이가 있는 그릇에 두부초코크림 재료를 모두 넣고 카카오가루가 날리지 않을 정도로 숟가락으로 살짝 섞어준 뒤 핸드블렌더로 갈아서 크림을 만듭니다.

TIP 두부 종류에 따라 묽기가 달라질 수 있어요. 혹시 크림이 묽게 나오면 냉동실에 30분 정도 얼려 좀 더 쫀쫀하게 만들어주세요. 소금을 넣어야 진한 초콜릿 맛이 살아나므로 반드시 넣어주세요. 달달하게 즐기고 싶다면 에리스리톨을 3숟가락 정도 넣어주세요.

3 매직랩의 끈적한 부분이 아래로 가게 펼친 후 **1**을 올리고 그 위에 **2**의 크림을 올려 펼친 뒤 매직랩으로 말아줍니다. 매직랩의 끈적한 부분이 위로 오게 두고 한 번 더 짱짱하게 만 다음 냉동실에서 5시간 정도 얼려주세요.

4 랩을 벗겨 낸 **3**을 도마 위에 올리고 카카오가루 1/2숟가락을 체에 쳐서 고루 뿌린 후 먹기 좋은 크기로 자르면 완성입니다.

++TIP

- 사용하고 남은 두부초코크림은 냉동 용기에 얼려 아이스크림으로 만들어 먹으면 좋습니다.
- 날씨에 따라 얼리는 시간이 달라질 수 있어요. 하룻밤 이상 냉동실에 뒀다 꺼낼 때는 실온에서 살짝 녹인 뒤 먹는 게 좋아요.

바나나초코아이스크림

조리도구

믹서

재료 1인분

바나나 … 3개
카카오가루(무설탕) … 2숟가락
에리스리톨 … 1숟가락
소금 … 조금
아몬드 슬라이스 … 조금
카카오가루(무설탕, 토핑용)
… 조금

만드는 법
유튜브 보기

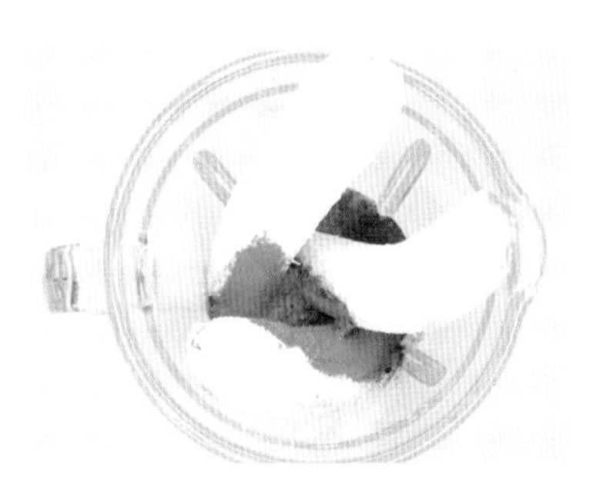

1 믹서에 바나나, 카카오가루, 에리스리톨, 소금을 넣고 곱게 갈아주세요.

2 1을 냉동 가능한 용기에 넣고 뚜껑을 덮은 후 냉동실에서 하룻밤 얼려주세요.

3 2를 냉동실에서 꺼내 실온에서 살짝 녹인 다음 적당한 크기로 잘라 채소다지기에 넣고 다져주세요.

4 아이스크림 컵에 3을 넣고 카카오가루와 아몬드 슬라이스를 올려 완성하세요.

요리하는다이어터의

맛있게 살 빼는 다이어트 레시피

초판 4쇄 발행 2023년 1월 30일
초판 1쇄 발행 2022년 6월 30일

지은이 이은경
발행인 손은진
개발 김민정 정은경
제작 이성재 장병미
디자인 김아름 @piknic_a

발행처 메가스터디(주)
출판등록 제2015-000159호
주소 서울시 서초구 효령로 304 국제전자센터 24층
전화 1661-5431 팩스 02-6984-6999
홈페이지 http://www.megastudybooks.com
출간제안/원고투고 writer@megastudy.net

ISBN 979-11-297-0896-0 13590